主编　　中国建设监理协会

中国建设监理与咨询

38

2021 / 1

总 第 3 8 期

CHINA CONSTRUCTION
MANAGEMENT and CONSULTING

中国建筑工业出版社

图书在版编目（CIP）数据

中国建设监理与咨询 = CHINA CONSTRUCTION
MANAGEMENT and CONSULTING. 38 / 中国建设监理协会主
编. —北京：中国建筑工业出版社，2021.6
    ISBN 978-7-112-26192-5

    Ⅰ.①中…　Ⅱ.①中…　Ⅲ.①建筑工程—监理工作—
研究—中国　Ⅳ.①TU712.2

    中国版本图书馆CIP数据核字（2021）第099714号

责任编辑：费海玲
责任校对：赵　菲

中国建设监理与咨询 38
CHINA CONSTRUCTION MANAGEMENT and CONSULTING

主编　中国建设监理协会

*

中国建筑工业出版社出版、发行（北京海淀三里河路9号）
各地新华书店、建筑书店经销
北京雅盈中佳图文设计公司制版
天津图文方嘉印刷有限公司印刷

*

开本：880毫米×1230毫米　1/16　印张：$7\frac{1}{2}$　字数：300千字
2021年6月第一版　2021年6月第一次印刷
定价：**35.00**元
ISBN 978-7-112-26192-5
　　　（37723）

38
2021 / 1

CHINA CONSTRUCTION
MANAGEMENT and CONSULTING

中国建设监理与咨询

目录 CONTENTS

■ **行业动态**

"全过程工程咨询涉及工程监理计价规则研究"课题工作会议在沪召开　6

中国建设监理协会"工程监理企业发展全过程工程咨询的路径和策略"课题在上海顺利验收　6

"天津市 2020 年度监理企业、监理人员诚信评价"评审会顺利召开　7

贵州省建设监理协会召开骨干工程监理企业总工程师工作交流会　7

住房和城乡建设部建筑市场监管司关于修改全国监理工程师职业资格考试基础科目和土木建筑工程专业科目大纲的通知

（建司局函市〔2021〕47 号）　8

山西省建设监理协会召开山西监理 2020 年度通联宣传工作会　8

■ **政策法规消息**

全国一体化在线政务服务平台标准　电子证照监理工程师注册证书（土木建筑工程专业）　9

全国一体化在线政务服务平台标准　电子证照勘察设计注册执业证书　10

全国一体化在线政务服务平台标准　电子证照注册建筑师注册证书　11

住房和城乡建设部关于加强城市地下市政基础设施建设的指导意见　12

住房和城乡建设部关于进一步深化工程建设项目审批制度改革推进全流程在线审批的通知　13

■ **本期焦点：监理工作标准化的意义和重要性**

创新企业顶层设计，践行诚信专业服务　15

强化内部诚信体系建设　创新标准化管理模式　19

运用信息技术　引领企业标准化发展　23

■ **监理论坛**

优秀历史建筑重点保护部位修缮施工监控要点 / 张继兵　26

地下车站主体结构防水施工技术 / 牛敬玲　31

北京地铁 12 号线成功下穿京张高铁监理技术总结 / 李海斌　39

大体积混凝土施工质量控制 / 谢春鹏　44

论如何做好装配式混凝土建筑结构施工安全管理工作 / 高峰　47

简论在既有建筑混凝土结构加固改造与加固方法中使用的探讨 / 刘岩　50

浅述输电线路工程质量通病防治 / 杨晓　54

浅谈建设监理企业信息技术应用实践　58

浅谈可挠金属管（KZ 管）在建设工程中的应用 / 李恩瑜　61

以人为核心、以项目为基础，总监宝推动监理企业升级提高　63

■　项目管理与咨询

监理企业争当全过程工程咨询主力军

　　——全过程工程咨询现状和发展创新趋势分析 / 沈柏　皮德江　66

基于信息化手段的项目管理探讨　71

诚信成就梦想，标准创造未来

　　——河南建达工程咨询有限公司诚信建设及标准化服务实录　75

推进企业标准体系建设，提升监理咨询服务质量　79

大连 LNG 接收站工程 PMC 管理经验交流　82

■　创新与研究

电力建设工程监理咨询标准体系的研究与实践 / 高来先　许东方　姜继双　陈继军　秦鲁涛　张永炘　86

京东总部二号楼项目 BIM 应用　90

应用信息化平台，实现工程咨询企业创新发展

　　——江苏建科工程咨询有限公司信息化系统使用介绍 / 宋伟　95

■　百家争鸣

雄关漫道真如铁，而今迈步从头越 / 苗一平　99

运用"先履行抗辩权"维护监理正当权益 / 樊江　101

"全过程工程咨询涉及工程监理计价规则研究"课题工作会议在沪召开

2020年12月30日下午，中国建设监理协会"全过程工程咨询涉及工程监理计价规则研究"课题工作会议在上海召开。中国建设监理协会副会长兼秘书长王学军、副秘书长温健等领导出席。上海市建设工程咨询行业协会秘书长徐逢治、协会副会长、上海市建设工程监理咨询有限公司董事长龚花强等课题组部分代表参加会议。

课题组汇报了近阶段研究工作进展，明确了研究思路和编制方向、问卷调查的取样方式，确保了数据基础的广泛性和有效性。接下来，课题组将在北京、上海、广东、浙江等十省市开展工程监理服务，施工项目管理，风险管理咨询从业人员薪酬、人员配置及工期的调研工作，为计价模型设计提供数据支撑。该课题计划于2021年3月完成。

与会专家指出，计价规则既要体现项目功能和工程结构的差异性，又要考虑地区发展水平和项目实施时间的差异性，甚至需要考虑疫情常态化防控的风险应对；研究思路既要基于现实的调查数据，又要打开思路，通过研究不同形式、动态调整的计价模式，制定既适应各种需求，又具有可操作性的计价规则。

会上，王学军副会长强调，服务计价规则的制定有助于解决各专业服务收费依据的问题，解决职业人员服务标准的问题，解决项目现场人员配置标准的问题，工程监理乃至全过程工程咨询服务需要建立科学合理的标准和规则，而费用最终应由市场选择来决定，这才符合现代化市场治理体系和国家"放管服"改革的要求。希望课题组再接再厉，通过结合理论和实践、理想与现实进行深入研究。

课题组表示会认真吸收和消化专家的意见，进一步明晰研究方向，完善调查方法，按照要求推进课题研究工作，争取交出满意的答卷。

中国建设监理协会"工程监理企业发展全过程工程咨询的路径和策略"课题在上海顺利验收

2020年12月30日，中国建设监理协会课题"工程监理企业发展全过程工程咨询的路径和策略"验收会议在上海顺利召开。中国建设监理协会副会长兼秘书长王学军、副秘书长温健等出席会议并作讲话。会议由验收组组长、北京交通大学教授刘伊生主持，验收组和课题组共20人参加会议。

课题组组长、上海市建设工程咨询行业协会秘书长徐逢治和课题组代表陈寿峰分别就全过程课题研究工作、主要思路、问卷调查情况等内容进行了汇报。在研究过程中，课题组成员多次召开远程视频工作会议，分工协作共同推进，经过半年多的细致研究和充分讨论形成了最终成果。

验收组专家一致认为，课题报告逻辑清晰，内容翔实，案例丰富，具有较强的前瞻性、创新性和可操作性，对于工程监理企业发展全过程工程咨询具有较强的指导意义，同意课题通过验收。

中国建设监理协会副会长兼秘书长王学军表示，在上海市建设工程咨询行业协会的带领下，课题组圆满完成了交付的课题任务，下一步协会将认真研究如何将课题成果落地，在行业内广泛宣传。他强调，发展全过程工程咨询服务不仅是响应国家政策的要求，也是行业发展的要求，更是市场选择的需求，工程监理企业服务模式的多元化，有利于行业未来可持续发展，行业骨干单位应有走在前列、勇立潮头的责任感和决心，要以发展全过程工程咨询服务能力为目标，为提升我国工程建设管理水平，输出建设工程咨询服务品牌，打造国际竞争力和影响力做出贡献。

"天津市 2020 年度监理企业、监理人员诚信评价"评审会顺利召开

2021 年 2 月 7 日，天津市建设监理协会根据《监理企业诚信评价管理办法》《监理人员诚信评价管理办法》有关规定组织召开了"天津市 2020 年度监理企业、监理人员诚信评价"评审会，诚信评价评审委员会的 5 位评审委员参加了会议，会议由协会副理事长兼秘书长马明同志主持。

评审会首先由协会秘书处办公室段琳主任从前期准备工作，企业、个人申请，监理企业、人员诚信评价自评，资料审查、核查等方面汇报了本次诚信评价各阶段的相关工作，并向评审委员会提交诚信企业、诚信人员推荐名单。

评审委员本着"公平、公正、认真、严谨"的原则认真开展对各监理企业、监理人员诚信评价的审定工作，确定监理企业、监理人员的诚信等级，并提交了《监理企业诚信评价评审报告》《监理人员诚信评价评审报告》。

监理协会组织开展的诚信评价工作在广大监理企业、行业专家的积极参与和大力支持下，推进了本地区工程监理行业诚信体系建设，保障了天津市建设监理事业健康可持续发展。

（天津市建设监理协会　供稿）

贵州省建设监理协会召开骨干工程监理企业总工程师工作交流会

2021 年 2 月 1 日，由贵州省建设监理协会组织的贵州省骨干工程监理企业总工程师工作交流会在贵阳召开，本次交流活动邀请了省内监理企业的 40 余位领导、专家和企业技术负责人代表参加。参会嘉宾就如何提高工程监理企业人才队伍建设的能力和技术管理水平，提升工程监理服务能力和服务品质建言献策。协会杨国华会长、张勤副会长、汤斌副会长兼秘书处以及协会专家委员会钟晖主任、王伟星副主任、李富江副主任出席本次会议。

协会副会长、贵州建工监理咨询有限公司董事长张勤对与会人员表示热烈欢迎，他希望通过此次交流活动，进一步促进工程监理企业之间的团结合作和共同进步。

协会专家委员会副主任、贵州建工监理咨询有限公司总工程师李富江在会议上做了交流发言，他结合自身多年的从业经历，从工程监理行业存在的问题和挑战等方面进行了交流。此外，他还向与会人员介绍了贵州建工监理咨询公司以现场办公标准化、质量安全履职标准化、监理资料标准化和检查考评标准化为主要内容的监理工作标准化工作，以及信息化应用所取得的成果。

协会专家委员会副主任、贵州三维工程监理咨询有限公司总工程师王伟星做了交流发言，他介绍了三维监理公司的管理组织架构，对总工程师的具体工作内容进行了总结交流，并将本企业监理人员培训成功的经验分享给与会人员。

协会专家委员会主任、贵州大学硕士生导师钟晖教授对工程监理行业人才现状进行了分析，阐述了工程管理人才培养的规律和要求。钟教授特别强调了目前工程监理人员在人文素质和专业素质培养方面的具体要求。

协会杨国华会长进行总结发言，首先对 2020 年度安全优、结构优项目评审现场复检中项目监理机构的履职情况进行了通报，分析了工程监理企业在技术管理方面存在的共性问题，指出了在现场检查中发现的常规性问题。针对现场监理存在问题，总工程师作为公司层面专业技术、业务管理的领导者，杨国华会长对企业总工程师提出了明确要求：一是增强自身竞争力，二是提升组织决策能力，三是具有较强的协调和沟通能力。

通过此次工作交流活动，参会人员受益匪浅，对于今后提升总工程师的工作能力及企业技术管理、人才培养的工作等具有积极的意义。

住房和城乡建设部建筑市场监管司关于修改全国监理工程师职业资格考试基础科目和土木建筑工程专业科目大纲的通知（建司局函市〔2021〕47号）

各省、自治区住房和城乡建设厅、直辖市住房和城乡建设（管）委、新疆生产建设兵团住房和城乡建设局，国务院有关部门工程监理管理机构，各有关单位：

根据《中华人民共和国民法典》，决定将《全国监理工程师职业资格考试大纲》（基础科目和土木建筑工程专业科目）中的"《中华人民共和国合同法》"统一修改为"《中华人民共和国民法典》第三编合同"，特此通知。

住房和城乡建设部建筑市场监管司

2021 年 2 月 26 日

（此件主动公开）

抄送：人力资源社会保障部专业技术人员管理司，水利部水利工程建设司，交通运输部人事教育司。

山西省建设监理协会召开山西监理 2020 年度通联宣传工作会

2020 年 12 月 28 日，山西建设监理 2020 年度通联宣传工作会在太原召开。参加会议的有会长苏锁成，副会长陈敏、孟慧业，监事长李银良，理论研究会主任张跃峰，专家委员会秘书长庞志平以及部分"两委"成员，监事会成员韩君、马昕宇，会员企业分管通联工作领导、通联员230余人。会议由副会长兼秘书长陈敏主持。

大会由副会长孟慧业作题为"传递奋力前行动能，激发众志成城共鸣"的工作报告。报告从七方面取得的成绩回顾总结了 2020 年通联工作，并对 2021 年通联工作就深度研析推进全过程工程咨询；加大"两委"理论研究的工作力度；加强行业自律、诚信建设和标准化建设；推进企业的文化建设，增强行业凝聚力、向心力；加大通联宣传工作力度；推动企业信息化建设；组织通联员"红色教育"，进一步加强支部建设和秘书处建设等八方面做了安排部署。

张跃峰、庞志平两位副会长分别宣读了关于对 2020 年度在《建设监理》等国家 3 家刊物发表论文的作者奖励的决定，并对在《建设监理》《中国建设监理与咨询》《山西建筑》发表、登载的 35 篇次论文作者进行奖励。

"山西协诚"综合办主任石超、"交通集团"通联员李娟、"华电和祥"党建工作部副主任史晓晶分别就本公司运用通联宣传，加强企业文化建设，内聚人心，外塑形象和强化理论研究，研发科技成果，促进企业向全过程工程咨询转型快步推进，以及大力开展专、兼职通讯员队伍建设的做法做了经验交流。

监事长李银良代表监事会对本次通联会的丰富内容、条理安排和重要意义给予了充分肯定。

会长苏锁成作总结讲话。首先他对重视通联工作的企业与做出成绩的通联员表示感谢，并就加强人才能力培养，提升通联宣传、理论研讨工作水平谈了今后的工作思路，还对如何发挥通联宣传工作优势，努力做好 2021 年"围绕一个主题，开展两项活动，抓好三项建设"等各项工作做了具体安排。会议气氛热烈，达到了预期效果，取得了圆满成功。

（山西省建设监理协会　供稿）

全国一体化在线政务服务平台标准
电子证照监理工程师注册证书（土木建筑工程专业）

C 0251—2021

1 范围

本文件规定了土木建筑工程专业类监理工程师注册证书（以下简称"监理工程师注册证书"）电子证照的总体要求与规则、信息项、编目规则和样式。

本文件适用于监理工程师注册证书电子证照的生成、处理、共享交换和应用。

2 规范性引用文件

下列文件中的内容通过文中的规范性引用而构成本文件必不可少的条款。其中，注日期的引用文件，仅该日期对应的版本适用于本文件；不注日期的引用文件，其最新版本（包括所有的修改单）适用于本文件。

GB 11643 公民身份号码

GB 32100 法人和其他组织统一社会信用代码编码规则

GB/T 2260 中华人民共和国行政区划代码

GB/T 2261.1 个人基本信息分类与代码 第1部分：人的性别代码

GB/T 7408 数据元和交换格式 信息交换 日期和时间表示法

GB/T 27766—2011 二维条码 网格矩阵码

GB/T 33190—2016 电子文件存储与交换格式版式文档

GB/T 33481—2018 党政机关电子印章应用规范

GB/T 35275—2017 信息安全技术 SM2密码算法加密签名消息语法规范

GB/T 36901—2018 电子证照 总体技术架构

GB/T 36902—2018 电子证照 目录信息规范

GB/T 36903—2018 电子证照 元数据规范

GB/T 36904—2018 电子证照 标识规范

GB/T 36905—2018 电子证照 文件技术要求

GB/T 36906—2018 电子证照 共享服务接口规范

GB/T 38540—2020 信息安全技术 安全电子签章密码技术规范

ZWFW C 0123—2018 国家政务服务平台 证照类型代码及目录信息

3 术语和定义

GB/T 36901—2018 界定的以及下列术语和定义适用于本文件。

3.1 监理工程师 supervising engineer

经考试、考核认定或经资格互认方式取得监理工程师资格，依法注册后取得建设工程监理及相关业务活动执业许可的专业技术人员。

3.2 监理工程师职业资格证书 qualification certificate of supervising engineer 经监理工程师职业资格考试合格，由各省、自治区、直辖市人力资源社会保障行政主管部门颁发的职业资格证书（或电子证书）。

（以下略）

（来源：住房和城乡建设部网）

监理工程师注册证书为单页，幅面尺寸为210mm（宽）×297mm（高），竖版

图1 监理工程师注册证书样式

全国一体化在线政务服务平台标准
电子证照勘察设计注册执业证书

C 0252—2021

1 范围

本文件规定了勘察设计注册工程师注册执业证书电子证照的总体要求与规则、信息项、编目规则和样式。

本文件适用于勘察设计注册工程师注册执业证书电子证照的生成、处理、共享交换和应用。

2 规范性引用文件

下列文件中的内容通过文中的规范性引用而构成本文件必不可少的条款。其中，注日期的引用文件，仅该日期对应的版本适用于本文件；不注日期的引用文件，其最新版本（包括所有的修改单）适用于本文件。

GB 11643 公民身份号码

GB 32100 法人和其他组织统一社会信用代码编码规则

GB/T 2261.1 个人基本信息分类与代码 第1部分：人的性别代码

GB/T 7408 数据元和交换格式 信息交换 日期和时间表示法

GB/T 27766—2011 二维条码 网格矩阵码

GB/T 33190—2016 电子文件存储与交换格式版式文档

GB/T 33481—2018 党政机关电子印章应用规范

GB/T 35275—2017 信息安全技术SM2密码算法加密签名消息语法规范

GB/T 36901—2018 电子证照 总体技术架构

GB/T 36902—2018 电子证照 目录信息规范

GB/T 36903—2018 电子证照 元数据规范

GB/T 36904—2018 电子证照 标识规范

GB/T 36905—2018 电子证照 文件技术要求

GB/T 36906—2018 电子证照 共享服务接口规范

GB/T 38540—2020 信息安全技术安全电子签章密码技术规范

ZWFW C 0123—2018 国家政务服务平台 证照类型代码及目录信息

3 术语和定义

GB/T 36901—2018 界定的以及下列术语和定义适用于本文件。

3.1 勘察设计注册工程师 registered engineer of exploration & design 经考试、考核认定或者资格互认取得中华人民共和国勘察设计注册工程师执业资格证书，并按照《勘察设计注册工程师管理规定》注册，取得中华人民共和国勘察设计注册工程师注册执业证书和执业印章，从事建设工程勘察、设计及有关业务活动的专业技术人员。

3.2 勘察设计注册工程师资格证书 qualification certificate of registered engineer 通过勘察设计注册工程师执业资格考试、考核认定或者经资格互认方式，证明执业资格的文件。

（以下略）

（来源：住房和城乡建设部网）

图1 勘察设计注册工程师注册执业证书样式

全国一体化在线政务服务平台标准
电子证照注册建筑师注册证书

C 0253—2021

1 范围

本文件规定了注册建筑师注册证书电子证照的总体要求与规则、信息项、编目规则和样式。

本文件适用于注册建筑师注册证书电子证照的生成、处理、共享交换和应用。

2 规范性引用文件

下列文件中的内容通过文中的规范性引用而构成本文件必不可少的条款。其中，注日期的引用文件，仅该日期对应的版本适用于本文件；不注日期的引用文件，其最新版本（包括所有的修改单）适用于本文件。

GB 11643 公民身份号码

GB 32100 法人和其他组织统一社会信用代码编码规则

GB/T 2261.1 个人基本信息分类与代码 第1部分：人的性别代码

GB/T 7408 数据元和交换格式 信息交换 日期和时间表示法

GB/T 27766—2011 二维条码 网格矩阵码

GB/T 33190—2016 电子文件存储与交换格式版式文档

GB/T 33481—2018 党政机关电子印章应用规范

GB/T 35275—2017 信息安全技术 SM2 密码算法加密签名消息语法规范

GB/T 36901—2018 电子证照 总体技术架构

GB/T 36902—2018 电子证照 目录信息规范

GB/T 36903—2018 电子证照 元数据规范

GB/T 36904—2018 电子证照 标识规范

GB/T 36905—2018 电子证照 文件技术要求

GB/T 36906—2018 电子证照 共享服务接口规范

GB/T 38540—2020 信息安全技术 安全电子签章密码技术规范

ZWFW C 0123—2018 国家政务服务平台 证照类型代码及目录信息

3 术语和定义

GB/T 36901—2018 界定的以及下列术语和定义适用于本文件。

3.1 注册建筑师 registered architect

经考试、特许、考核认定取得中华人民共和国注册建筑师职业资格证书，或者经资格互认方式取得建筑师互认资格证书，并注册取得中华人民共和国注册建筑师注册证书和中华人民共和国注册建筑师执业印章，从事建筑设计及相关业务活动的专业技术人员。

3.2 注册建筑师职业资格证书 qualification certificate of registered architect

注册建筑师职业资格证书包括一级注册建筑师职业资格证书和二级注册建筑师职业资格证书。

（以下略）

（来源：住房和城乡建设部网）

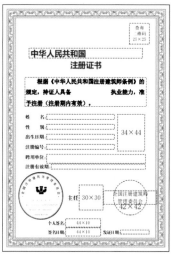

注册建筑师注册证书为单页，幅面尺寸为210mm（宽）× 297mm（高），竖版

图1 注册建筑师注册证书样式

住房和城乡建设部关于加强城市地下市政基础设施建设的指导意见

建城〔2020〕111号

各省、自治区、直辖市人民政府，新疆生产建设兵团，国务院有关部门和单位：

城市地下市政基础设施建设是城市安全有序运行的重要基础，是城市高质量发展的重要内容。当前，城市地下市政基础设施建设总体平稳，基本满足城市快速发展需要，但城市地下管线、地下通道、地下公共停车场、人防等市政基础设施仍存在底数不清、统筹协调不够、运行管理不到位等问题，城市道路塌陷等事故时有发生。为进一步加强城市地下市政基础设施建设，经国务院同意，现提出以下意见。

一、总体要求

（一）指导思想。以习近平新时代中国特色社会主义思想为指导，全面贯彻党的十九大和十九届二中、三中、四中、五中全会精神，按照党中央、国务院决策部署，坚持以人民为中心，坚持新发展理念，落实高质量发展要求，统筹发展和安全，加强城市地下市政基础设施体系化建设，加快完善管理制度规范，补齐规划建设和安全管理短板，推动城市治理体系和治理能力现代化，提高城市安全水平和综合承载能力，满足人民群众日益增长的美好生活需要。

（二）工作原则。坚持系统治理。将城市作为有机生命体，加强城市地下空间利用和市政基础设施建设的统筹，实现地下设施与地面设施协同建设，地下设施之间竖向分层布局、横向紧密衔接。

坚持精准施策。因地制宜开展以地下设施为主，包括相关地面设施的城市市政基础设施普查（以下称设施普查），在此基础上建立和完善城市市政基础设施综合管理信息平台（以下称综合管理信息平台），排查治理安全隐患，健全风险防控机制。

坚持依法推进。严格依照法律法规及有关规定落实城市地下市政基础设施相关各方责任，加强协同、形成合力，推动工作落实，不断完善长效管理机制。

坚持创新方法。运用信息化、智能化等技术推动城市地下市政基础设施管理手段、模式、理念创新，提升运行管理效率和事故监测预警能力。

（三）目标任务。到2023年底前，基本完成设施普查，摸清底数，掌握存在的隐患风险点并限期消除，地级及以上城市建立和完善综合管理信息平台。到2025年底前，基本实现综合管理信息平台全覆盖，城市地下市政基础设施建设协调机制更加健全，城市地下市政基础设施建设效率明显提高，安全隐患及事故明显减少，城市安全韧性显著提升。

二、开展普查，掌握设施实情

（四）组织设施普查。各城市人民政府负责组织开展设施普查，从当地实际出发，制定总体方案，明确相关部门职责分工，健全工作机制，摸清设施种类、构成、规模等情况。充分运用前期已开展的地下管线普查等工作成果，梳理设施产权归属、建设年代、结构形式等基本情况，积极运用调查、探测等手段摸清设施功能属性、位置关系、运行安全状况等信息，掌握设施周边水文、地质等外部环境，建立设施危险源及风险隐患管理台账。设施普查要遵循相关技术规程，普查成果按规定集中统一管理。

（五）建立和完善综合管理信息平台。在设施普查基础上，城市人民政府同步建立和完善综合管理信息平台，实现设施信息的共建共享，满足设施规划建设、运行服务、应急防灾等工作需要。推动综合管理信息平台采用统一数据标准，消除信息孤岛，促进城市"生命线"高效协同管理。充分发挥综合管理信息平台作用，将城市地下市政基础设施日常管理工作逐步纳入平台，建立平台信息动态更新机制，提高信息完整性、真实性和准确性。

（以下略）

（来源：住房和城乡建设部网）

住房和城乡建设部关于进一步深化工程建设项目审批制度改革推进全流程在线审批的通知

建办〔2020〕97号

各省、自治区、直辖市工程建设项目审批制度改革工作领导小组办公室，新疆生产建设兵团工程建设项目审批制度改革工作领导小组办公室：

为贯彻落实《国务院办公厅关于全面开展工程建设项目审批制度改革的实施意见》（国办发〔2019〕11号）、《国务院办公厅关于进一步优化营商环境更好服务市场主体的实施意见》（国办发〔2020〕24号）部署要求，深化工程建设项目审批制度改革，加快推进工程建设项目全流程在线审批，不断提升工程建设项目审批效能，优化营商环境，现将有关事项通知如下：

一、持续破解堵点问题推动关键环节改革

（一）进一步优化审批流程。全面梳理当前本地区工程建设项目全流程审批事项、环节、条件等，针对企业和群众反映强烈的堵点问题，制定切实可行的精简优化措施，最大限度优化审批流程。健全工程建设项目联审机制，按照"一家牵头、部门配合、成果共享、结果互认"要求，细化完善相关配套政策和运行规则，提升并联审批、联合审图、联合验收等审批效率。统一审批事项办理流程规则和办事指南，推动工程建设项目审批标准化、规范化。提高审批咨询、指导服务水平，推行帮办

代办、"互联网＋"等服务模式，形成线上线下联动融合的审批咨询辅导服务机制。

（二）加强项目前期策划生成和区域评估。建立完善项目策划生成机制，在"多规合一"基础上加强业务协同，先行完成考古调查等项目前期工作，统筹协调项目建设条件及评估评价事项要求，鼓励通过前期策划生成明确项目建设管控要求、技术设计要点、审批流程、事项清单和材料清单，简化项目后续审批手续。在各类开发区、工业园区、新区和其他有条件的区域，深化落实区域评估，进一步明确开展区域评估的事项清单和技术标准，及时公开评估结果。强化评估成果运用，明确项目具体建设条件和要求，以及实行告知承诺制的具体措施。

（三）精简规范技术审查和中介服务事项。工程建设项目审批所涉及的技术审查和中介服务事项，无法律法规规定的一律取消。健全完善技术审查和中介服务管理制度，公开办理（服务）指南，明确适用范围、服务标准、办事流程、服务收费和承诺时限。制定公布技术审查事项审查标准，鼓励通过信息化手段提高技术审查效率，支持开展智能化"电子辅助审批"探索。进一步完善工程建设项目中介服务网上交易平台功能，推动中介服务机构"零门槛、零限制"进驻，实现中介服务网上展示、服务委托、成果提交、监督评价等全过程管理。

（四）优化市政公用服务程序。全面优化供水、排水、供电、燃气、热力、广播电视、通信等市政公用服务报装接入流程，可将市政公用服务报装提前到工程建设许可阶段办理，推行"一站式"集中服务、主动服务。市政公用服务单位通过工程建设项目审批管理系统（以下简称工程审批系统）实时获取项目市政公用服务接入需求、设计方案、图档等相关信息，实现与主体工程同步设计、同步建设、竣工验收后直接接入。规范市政公用行业管理，公开服务标准和服务费用，加强服务质量监督和用时管理。

二、全面推行工程建设项目分级分类管理

（五）细化项目分类和改革措施。根据具体情况和实际需要，进一步细化本地区工程建设项目分类，对工业、仓储、居住、商业、市政、教育、医疗、城镇老旧小区改造、城市更新等工程建设项目，分级分类制定"主题式""情景式"审批流程，按照工程建设项目类型、投资类别、规模大小、复杂程度、区域位置等情况，制定更加精准的分类改革措施和要求，实现精细化、差别化管理。建立健全基于工程风险等级的监管机制，切实加强事中事后监管。　（以下略）

（来源：住房和城乡建设部网）

本期
焦点

监理工作标准化的意义和重要性

当前，建筑业已由高速增长阶段进入高质量发展的阶段，高标准是高质量的保证，以标准化建设助推建筑业的高质量发展。

工程建设标准化是制定、执行和不断完善工程建设标准的过程，是工程建设以技术为支撑的工程管理的重要基础。在标准化建设方面，不仅是政府和行业团体需要组织实施，企业也需要积极探索，在实践中总结积累经验，为标准的制定提供可支撑的实践依据。

工程监理标准化是指为在工程监理活动中获得最佳秩序，针对实际或潜在的问题制定共同和重复使用的规则的活动。工程监理标准化的实质是制定、发布和实施工程监理标准，使工程监理各项活动达到规范化、科学化、程序化。工程监理标准化的目的是获得工程监理"最佳秩序"和综合效益，对促进工程监理制度不断完善和工程监理行业持续健康发展有着重大意义。

加强工程监理标准化建设，有利于明确监理工作职责、内容和深度，有利于抑制监理任务委托与承揽中的不合理压价，有利于考核评价监理工作质量，有利于判别事故中的监理责任。

工程监理标准化体系的建立和完善，对提升监理企业管理水平和服务能力，增强市场竞争力等方面具有极其重要的作用。标准化体系的建设应从管理制度标准化、人员配备标准化、现场管理标准化、过程控制标准化等方面逐步开展和完善。监理工作标准化是提升监理工作整体水平和监理服务质量的有效途径。

行业协会和企业要做好团体标准和企业标准建设，不断完善标准体系，共同推进工程监理标准化建设，并以标准引领和促进监理行业的科学化、规范化和高质量发展。

创新企业顶层设计，践行诚信专业服务

广州珠江工程建设监理有限公司

摘　要：当前，推动监理企业提升诚信专业服务能力已成为工程监理行业发展的重要课题，本文通过对广州珠江工程建设监理有限公司近年来围绕铸造监理品牌的管理探索进行总结，提炼出顶层设计创新管理经验，旨在推动工程监理行业服务质量提升。

前言

自 1988 年我国开展建设监理试点以来，工程监理行业历经三十余载的发展，目前全国监理企业已超过 8400 家，极大促进了我国工程建设管理水平的提高。然而，在取得巨大发展的同时，工程监理行业也面临着监理服务水平参差不齐、廉洁从业堪忧，无法满足社会对监理行业不断提升的赋责和期望的发展窘境，这已直接影响到社会对监理行业的认可，甚至关乎工程监理行业的发展前景。推动监理企业诚信、专业、优质服务，已成为工程监理企业谋生存、图发展必须直面的课题。

广州珠江工程建设监理有限公司（以下简称"珠江监理"）作为一家大型现代工程服务型国有企业，一直致力于打造专业诚信服务品牌，特别是在近年企业高速发展情况下，通过创新顶层设计，消除系统性服务质量风险，监理服务质量得到社会广泛认可。本文围绕如何推动实现项目监理机构诚信专业服务，总结了 2017 年以来珠江监理的企业治理经验，以期有助于工程监理行业服务质量提升。

一、项目服务质量管控风险分析

珠江监理自 2017 年以来，以打造全国性知名工程建设监理企业为目标，改革创新，齐心聚力，成功实现企业跨越式发展，全国监理企业排名快速攀升至 15 名（住房城乡建设部工程监理收入排名）。

在企业快速成长背景下，公司同时也面临较大的项目监理服务管控系统性风险，集中表现为：

1. 管辖的在建工程项目迅速增加，由 2016 年的近 100 个增加到 2020 年的近 200 个，公司对项目监理机构服务质量管控能力不足的风险迅速增加。

2. 从业人员从 2016 年的近 1000 人增加到 2020 年的近 2000 人，新员工迅速增加，项目监理机构服务能力下降的风险显现。

3. 随着项目数量增加，因项目发生生产安全事故对监理失职行政、刑事处罚的风险凸显。

4. 由于新员工数量迅速增加及员工违反廉洁从业行为的隐蔽性，公司因员工失信而导致品牌受损的风险增加。

二、围绕打造优质服务品牌构建企业管控顶层设计思路

面对企业发展中潜在的监理服务系统风险，珠江监理秉持经营驱动管理、管理促进经营的管理理念，从企业治理

的顶层设计入手，力求系统风险系统解决，确保服务质量，缔造监理品牌、打造行业标杆。顶层设计主要思路如下：

1. 坚持经营优化，推动服务项目优质化

在业务承揽方面转向以承揽政府、国有企业优质投资项目为主，退出低价、小额项目竞争，推动企业项目优质化和规模化，从而为项目监理机构履职、人均产值及薪酬提升创造良好的项目条件。

2. 坚持人才队伍建设门槛，保证人员基本素质

在人员招聘和引进中，将具备本科学历作为招聘的门槛条件，将引进高素质人才作为主要方向，保证入职人员具备良好的基本素质。

3. 坚持服务质量导向，强化考核激励力度

在管理体系建设中以打造公司考核激励机制为重点，以服务成效为核心考核指标，强化激励幅度，打造员工优质服务内生动力。

4. 坚持组织管理创新，提升公司管控能力

通过公司组织结构和管控机制创新、管理标准完善，确保公司管控资源、能力满足企业快速发展要求。

5. 坚持信息化与传统管理方式结合，提升项目服务和管控成效

通过建设现代信息化管理平台，实现公司管理与"互联网+"的结合，实现管理手段的提质升级。

三、健全项目服务质量管控组织体系

珠江监理实行公司总部——项目管理公司——项目监理机构三级管理组织架构。为强化项目监理服务的实施和管控，公司结合系统风险分析，对各级组织架构进行优化设计。

（一）公司总部职能部门优化

总部将工程技术部中的项目实施管理职能剥离、升格，专门成立安全督察部，形成安全督察部、纪委办公室、工程技术部分别负责项目服务质量督察、廉洁从业督察及技术支持的职能管理架构。

（二）项目管理公司组织优化

项目管理公司统一设置工程部对本部门的项目监理质量进行管控。公司根据项目公司规模对工程部人员配置数量、人员资格做出底线要求，确保工程技术部人员数量、基本能力满足管理需要。

（三）项目监理机构组织优化

在按项目监理合同约定组建项目监理机构外，强化安全管理人员和廉洁从业管理人员配置。对于项目监理费超过一定规模项目或超高层、大型公建、机场、地铁、市政项目或存在复杂结构、安全管控难度大的项目专门配置安全副总监，在项目监理机构配置兼职廉洁监督员。

四、创新项目服务质量管控核心机制

在项目监理服务管控中，珠江监理紧密围绕廉洁从业、专业服务两个核心，打通"党建党风＋服务市场"思维，突出管理下沉一线理念，构建公司管理制度体系。

（一）从廉洁从业管控入手构建诚信自律监管机制

1. 建立员工日常廉洁教育机制

公司制定了《公司党委关于部门、项目管理公司、项目负责人实行党风廉洁建设责任制的规定》《职工廉洁守纪实施细则》《廉洁风险防控手册》，从员工进入公司开始，就着重开展廉洁从业教育，通过定制"廉洁教育套餐"，创办党建月报，编制下发《廉洁从业口袋书》，用活"珠江监理大讲堂""党日活动""指尖廉教"，密集灌输珠江监理廉洁文化，建立廉洁从业红线意识。

2. 推动廉洁文化进工地

在项目监理服务阶段，公司着重推动廉洁文化进工地，主要措施包括：项目人员签署、公示廉洁从业承诺书；党员、团员佩戴党徽、团徽亮身份，做表率；定期开展廉课下一线和监理部廉洁自律教育活动；与项目参建各方开展廉洁共建，筑牢项目监理人员不能腐、不想腐的思想堤坝。

3. 打造廉洁防控组合手段

公司制定《廉洁举报箱设置和管理工作细则》，实行廉洁举报箱项目全覆盖，接受书面、电话及电子邮件投诉；在项目监理机构设置兼职廉洁监督员，建立廉洁监督员直报通道；实行关键工作可视化验收留证，责任可追溯；与此同时，公司对违反廉洁从业人员实行零容忍问责机制。通过上述防控机制设置，公司形成了"稍有不慎、满盘皆毁"的高压防控态势，促使监理人员形成不敢腐的危机意识。

（二）以强化项目监管推动项目服务质量提升

1. 总部实施飞行督察机制

总部安全督察部配置8名专职督察工程师，以《安全督察管理办法》《工程评比管理方案》为基础，在每月进行全覆盖线上检查的基础上，根据内部评定的项目管理风险等级，对在建项目实行月度～季度全覆盖不同频率的现场飞行

督察，每半年对所有项目业主进行独立回访，对项目服务质量进行评价，对项目服务严重失职行为进行红、黄牌警告，对管理失职责任人按《问责实施办法》进行问责。

2. 项目管理公司实行定期巡查制度

项目管理公司在管项目实行分管经理/副经理月度全覆盖巡视、工程部月度全覆盖检查制度，分管领导巡查除对项目服务质量现场进行检查外，还需拜访业主，及时发现监理服务不足，提升监理服务水平。安全督察部作为监管部门，对项目管理公司巡查落实情况进行定期检查、评价。

3. 项目监理机构实行危大作业管理、节假日管理报备制度

在按监理规范及合同要求进行日常监理工作的基础上，公司特别针对危大作业及节假日（容易出现监理缺位），分别出台危大作业管理、节假日管理报备制度，要求项目监理机构向所在项目管理公司及安全督察部提前上报上述环节的施工信息、监理人员安排，由监管部门对监理人员到岗履职情况进行重点检查。

4. 推行与服务质量密切挂钩的强力激励机制

公司推行中层干部、项目总监年薪制，出台"明星总监评比方案"，根据项目服务质量管理评价，对项目总监进行考核、评优，优秀项目总监将被评为三星、二星、一星明星总监称号，对应年薪较普通总监大幅提高，如三星总监年薪可达到普通总监3倍；同时，公司制定《部门与中层干部绩效考核管理方案》，安全督察部根据项目服务质量评价及项目管理公司管控行为评价，对项目管理公司服务质量管控成效进行综合打分，作为重要指标得分纳入项目公司年度考核中，直接影响项目公司领导层的年度薪酬。

五、建设项目服务质量信息化管控平台

公司2019年筹划建设了涵盖所有管理职能、所有业务类型的新一代信息化管理系统，使公司管理向"互联网+"迈出重要一步，其中围绕项目服务质量管控的相关平台建设完成，极大推动了项目监理部监理服务的标准化、精细化和科学化，公司有关部门的远程监管能力大幅提高。

（一）打造行业领先的项目监理平台推动监理工作标准化

公司以监理服务行业标准及公司标准体系为基础，将监理工作进行全面分解，以此为基础构建涵盖监理服务中"四控两管"各项工作，以及项目监理机构内部管理工作的系统管理系统，使项目监理系统成为规范、引导、帮助项目监理机构实现规范化、精细化和科学化管理的有效工具。系统主要特点为：

1. 系统按事前、事中、事后逻辑原则建立，强调以事前策划工作为管理起点和龙头，形成项目管理的任务清单或台账，后续各项监理工作与任务清单或台账关联，辅助并促进项目部严格按照监理程序履职，而不是事后完善资料。

2. 系统按照全员履责的原则建立，设立团队管理、授权相关模块，要求项目监理机构按照职责分工对监理人员进行授权使用系统，系统对各监理人员使用系统情况进行自动统计、公布，促使所有监理人员真正将系统使用与监理工作结合起来。

3. 系统实现了分部分项划分标准、检验批验收控制标准、旁站和危大工程专项巡视控制标准及监理统一用表的集成，相关内容自动嵌入分部分项划分、巡视、旁站工作记录模块及相关帮助模块，为核心监理工作提供基础标准，从而达到规范监理人员监理工作的目的。

4. 系统实现与手机办公充分结合，监理独立完成的巡视及旁站记录、各类监理通知单发起、监理日记生成等基本管理工作均可通过手机在现场完成取证、记录或开单，有效提升监理工作的实时性和便捷性。

5. 系统作为公司信息化管理系统中的重要子系统，在实现监理部工作成果数据化、在线化的同时，管理数据实现与公司其他职能管理模块互通共享。

（二）建设数据联通的监控平台提升公司项目服务质量管控能力

公司以项目监理系统数据为源头，设计建设公司级工程指挥中心和项目管理公司级工程管理门户，助力总部督察和二级公司提升项目管控成效。中心及门户主要特点为：

1. 中心和门户可集中显示项目管理质量关键统计数据，并具备穿透查询能力，可直接查看公司或所在部门在管项目管控状态、核心管理工作完成情况，辅助监管部门直击管理痛点，提升管理效率。

2. 中心和门户实现了与项目监理系统的连通，公司督察人员和二级公司工程部检查人员可直接结合中心、门户信息查阅对应项目管理系统的工作数据，从而实现线上检查与现场检查的结合，特别是便捷的线上检查可以极大减少现场检查周期带来的管控盲点。

3. 通过中心集成视频监控平台、无人机平台和视频会议系统，督察人员可

远程联通项目现场的视频监控设备和无人机，对项目施工状况和监理情况进行实时视频查看和交流，有效弥补查看项目监理系统数据存在的局限性。

（三）推行项目部信息化设备标准化建设，升级项目监理手段

结合提升项目监理服务质量和公司远程监管需求，公司以信息化管理系统为依托，从规模项目、重点项目开始，逐步开展项目监理机构信息化设备标准化建设，升级项目监理机构监理服务手段。除配置常规计算机等办公设备外，项目监理机构还统一配置以下信息化设备：

1.配置高标准无人机，辅助开展项目施工进度检查、关键部位巡飞检查及公司监管人员远程连线巡飞检查，助力项目监理人员和公司监管人员快速掌握施工总体进展和重点部位施工状况，复查重点整改事项的完成情况。

2.配置移动监控系统，监控摄像头设置于需监理旁站或专项巡视的重要施工作业点，辅助监理人员开展现场监控，监理人员可通过监控平台远程查看作业情况，事中监管不断，事后永久追溯，对施工单位震慑作用显著，更有效助力解决监理人员配置无法完全满足众多旁站点的旁站和巡视需求。

3.项目部配置监控硬盘录像机，用于接入施工单位视频监控信号，充分利用施工单位资源实现监理人员和公司监管人员对项目现场的直观查看、管控。

六、项目服务质量管控成效

近年来，通过创新公司顶层设计及全体员工共同努力，珠江监理走上了靠专业诚信服务赢得市场，靠获取市场优质项目促进服务质量提升的良性发展之路。

三年来，公司在广州市诚信评价排名居于领先地位，年营业收入增长217%，年净利润增长349%，年新增业务量增长202%，创下"三年倍增"的业绩佳话，成功入驻监理企业全国15强；公司推动廉洁文化进工地，创建"珠江·心廉新"廉洁品牌，作为广州市国企唯一的廉洁品牌，入围广州市国资委党建品牌展演，同时还获得深圳市"行业廉洁从业示范机构""廉洁从业先进集体"美誉，成为广东省监理行业的"党建—经营"融合标杆企业。

结语

通过近几年的企业治理和发展探索，珠江监理深刻认识到，提供诚信专业服务是社会、建设市场对监理企业的迫切希望和强烈共识，通过强化企业自律，加强顶层设计，增强诚信、专业服务能力，避免低价、低质恶行竞争，是监理企业发展壮大的必由之路和最有效的经营手段。

强化内部诚信体系建设　创新标准化管理模式

友谊国际工程咨询股份有限公司

摘　要：诚信铸造品牌，标准铸就品质。近年来，湖南省建筑业持续快速健康稳定发展，得益于国家及省市住建主管部门及行业协会的科学指导，工程监理行业的诚信建设和标准化服务进程才能得到快速推进，为建筑业高质量发展"保驾护航"。对于具有"自由裁量权"的监理执业，诚信建设和标准化服务尤为重要。本文以友谊国际工程咨询股份有限公司为例，围绕组织管理模式、诚信制度建设和标准化体系创新等方面进行阐述，旨在为监理行业发展提供借鉴与参考。

关键词：标准化；监理；服务质量；信息化管理

诚信铸造品牌，标准铸就品质。近年来，湖南省建筑业持续快速健康稳定发展，得益于国家及省市住建主管部门及行业协会的科学指导，工程监理行业的诚信建设和标准化服务进程快速推进，为建筑业高质量发展"保驾护航"。对于具有"自由裁量权"的监理职业，诚信建设和标准化服务尤为重要。本文以友谊国际工程咨询股份有限公司为例，围绕组织管理模式、诚信制度建设和标准化体系创新等方面进行阐述，旨在为监理行业发展提供借鉴与参考。

一、企业基本情况

友谊国际工程咨询股份有限公司（以下简称"友谊咨询"）成立于1997年，设北京总部、粤港澳总部、西南总部和湖南本部，主营工程咨询、项目前期策划、项目规划、工程设计、招标代理、造价咨询、工程监理、工程代建、BIM咨询、PPP咨询及全过程工程咨询全产业链服务，业务覆盖全国多个省市，并伴随国家"一带一路"倡议拓展至非洲、东南亚等地区。

公司自成立以来，始终秉持"诚信、专业、守法、勤奋"的经营理念，持续完善资质资格、凝聚人才团队、臻诚服务客户，以创新驱动企业实现转型升级发展，逐步发展成为国内规模大、资质齐全、业绩丰富、综合实力和市场竞争力全国领先的全过程工程咨询服务集团化企业，是全国唯一一家造价咨询、工程监理、全过程工程咨询、BIM咨询"50强"企业，国家高新技术企业，湖南省省长质量奖提名奖企业，致力于打造成为国际知名的"工程服务总承包运营商"。

二、企业诚信建设和标准化服务的创新举措

多年来，友谊咨询为实现企业标准化管理，提升服务水平和增强市场竞争力，不断创新和完善质量管理模式，将诚信建设视为企业的发展根基，最终形成基于"诚信、创新、标准、专业"的全过程工程咨询质量管理模式，具体措施如下：

（一）诚信建设方面：诚信经营、诚信为人、诚信服务

友谊咨询自成立之初，就将诚信守法经营视为企业根本的生命线和矢志不渝的求索。"坚持诚信服务，就等于掘一口井，诚信越久，井越深，水越多，取之不尽，用之不竭；违背诚信服务，就像用盆接天上下的雨，接一滴是一滴。"多年来，公司通过思想教育引导、制度

约束以及行业自律等多种方式，使诚信守法理念深植员工内心，并固化到公司制度和流程管理中；建立诚信评价体系和诚信执业制度，对不诚信行为采取"零容忍"态度，公信力和品牌美誉度持续提升，业内有口皆碑。

1. 建立行之有效的诚信管理制度

制度是规范企业人行为的管理规定，诚信是管理规定的文化与灵魂。近年来，友谊咨询先后制定了《友谊人行为准则》《监理人员廉政管理制度》《监理项目综合考核制度》《监理项目回访制度》《监理绩效考核办法》等各项监理制度，且上述制度均将廉政建设作为项目管理第一要素与第一考核指标，廉政问题具有一票否决权，强调廉政监理的重要性，并通过新员工入职培训、诚信主题演讲等多形式学习方式，高频次、高效率地开展诚信廉洁系列培训，将诚信管理理念融入员工日常工作（图1）。

图1 公司管理层进行廉政制度讨论

2. 设立专门的廉政监理管理小组

公司设立由总裁任组长、监事会主席为副组长、各部门经理为成员的廉政监理管理小组，实行月度抽检、季度全检、年度评比的巡检模式，由小组成员率队进行部门交叉检查，深入项目现场了解项目人员廉政监理情况，责任到人，层层监管，防范廉政问题的发生（图2）。

图2 项目监理部监理廉政制度宣贯会议

3. 多措并举规范诚信检查考核工作

为确保诚信管理系列制度得以有效落地执行，公司形成了"工程管理部日常巡查＋诚信监理专项考核"的多样化检查考核体系，围绕廉政监理行为、诚信执业行为、诚信失信行为等有针对性地进行量化测评，对考核成果通报，对考核工作进行总结，对廉政监理表现优

图3 诚信考核通知及通报文件

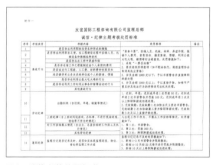

图4 诚信考核处罚标准

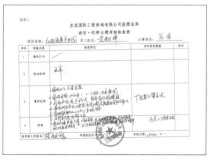

图5 诚信履职检查表

秀人员予以表彰，弘扬正能量；对考核中发现的廉政事件相关人员"零容忍"，直接清退并在公司内通报，情节严重者上报行业协会（图3~图5）。

4. 规范监理从业人员的执业行为

公司通过建立监理从业人员信用档案和承诺制等方式，从根本上规范监理执业人员服务标准。由公司监理总部牵头、人力资源部配合，对监理人员在司期间表现实行层级信用评级制，分别由项目总监对项目人员进行执业能力与信用评价评分，监理总部管理层对所有项目监理人员实行评分，多级评分统计与监理人员晋升、加薪直接挂钩，大大提高了项目监理人员的廉洁自律性（图6）。

图6 项目总监对项目人员进行执业服务考核

同时，公司将监理履职诚信建设检查贯穿于项目管理全过程，自各项目部组建以来，即要求所有项目人员签订《监理人员廉洁自律承诺书》，明确廉政监理红线规定，坚守职业道德，接受公司与社会监督（图7）。

图7 项目人员签订《监理人员廉洁自律承诺书》

5. 以客户为中心，竭诚服务

友谊咨询以"客户是衣食父母、至亲至友"为服务信念，以"做一个项目，立一座丰碑"为服务目标，创新"客户过程评价＋后评价模式"，以确保服务品质得到业主单位的肯定。一是服务过程加强与业主的联动，听取业主对项目团队的评价与建议；二是对客户的问题不推诿、不逃避，直面服务存在的问题，并在管理中加强完善，争取得到所有客户的满意；三是按季度对所有项目进行业主回访，业主针对项目负责人履职进行评价，包括且不限于专业能力、劳动纪律、廉政情况等（图8）。

图8 项目业主对监理工作评价表

（二）标准化服务方面：标准体系规范执业行为，标准流程铸就品质服务

1. 发展全过程工程咨询，创新组织及团队管理

为顺应行业发展，依托公司资源，调整内部结构，成立全过程工程咨询服务小组，以满足全过程工程咨询业务发展新需求，同时通过开设总监培训班，打造标准化管理团队。

2. 建立执业标准制度和标准流程，以优质服务赢得信任

1）建立了标准化的执业制度。通过制定《质量风险管理制度》《质量安全风险信息收集制度》《执业质量奖惩细则》《质量责任管理体系》《QC小组管理办法》等规范文件，让项目组成员清楚并认真执行服务流程，履行执业规范，出具高质量的项目成果文件，在执业过程中实行三级质量复核，即详细复核、总体复核、最终复核。

2）实现了标准化的控制流程与控制节点。针对监理执业编制了《执业标准化管理手册》《安全标准化管理手册》《质量监理标准化》《监理内业资料标准化》《监理作业指导书》，规范监理服务标准，编制和不断完善《友谊咨询全过程工程咨询业务操作控制流程与控制节点》，针对全咨服务过程中各阶段、各服务内容的工作依据、流程、方法和要点明确规范化要求，确保各个节点的过程文件标准化和成果文件标准化，切实做到"友谊咨询成果，质量行业领先"，确保项目组提供标准化优质咨询服务（图9、图10）。

3）形成了标准化的大数据库。通过对指标分析、档案管理、项目分析总结等方面的信息技术标准化数据归集，形成了标准化的大数据库，为后续咨询项目提供有力的数据支撑，同时为企业标准化质量管理体系进一步的专业化、层次化提供发展方向。

3. 创新工程管理机制，落实工程监理职责

在建立标准化制度体系及流程的同时，公司还将技术创新作为企业长远发展的核心战略持续推进，监理方面重点通过电子地图、监理业务管理平台（易达）、无人机技术、远程监控摄像头和智能安全帽等领域的推广应用，有效落实工程监理职责，提高公司管理水平，切实增强企业核心竞争力。

1）无人机技术应用。通过无人机对项目实施过程的现场情况进行全方位、全角度的监督检查。在进度跟踪、环境保护、人员管理、危险部位安全检查等方面极大地提高工程监管力度，保证了工程质量。如对塔吊、施工升降机等垂直运输设备安全情况进行检查：无人机绕着塔吊、升降机转一周，将塔吊、升降机等每一个连接部分拍摄后回传到电脑，使回传的视频更清晰，安全监理可从屏幕上看到塔吊、升降机上的每一个螺栓和开口销。目前，公司已将该技术广泛应用于所服务的监理项目，得到业主单位的高度好评（图11）。

2）远程视频监控系统。远程视频监控系统由总监控中心、项目分控中心和前端系统三部分构成，配合无线网络和互联网组成一个完整的多级联网系统。前端系统作为整个远程视频综合监控系统的第一线，负责对各建筑工地现场视频图像的采集、编码、传输以及报警信号的采集。分监控中心部署NVR网络硬盘录像机，负责对该区域下的监控点位视频录像存储和实时监控。总监控中心

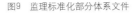

图9 监理标准化部分体系文件

图10 公司部分规范文件

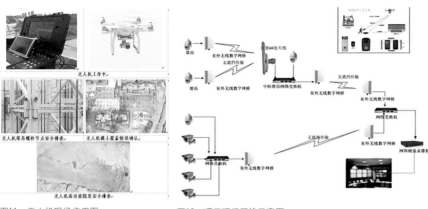

图11 无人机现场应用图　　　　图12 项目现场网络示意图

对所有分控中心和前端系统进行监管，能够调阅系统内所有监控点的录像和备份的重要录像。平台预留有通信接口，用于和上级其他平台的对接。远程视频监控系统将项目实施全过程各项工作无缝对接协调、可视化，大大提高项目效率和精准度（图12）。

3）监理业务管理平台。根据具体项目组织结构，确定项目组人员，进行职位划分和任务分工，并对各项任务的工作流程进行标准化设定，设定审核流程和复核人员，规范执业行为，把控执业质量（图13）。

三、工程监理企业开展诚信建设和标准化服务发展建议

1. 建议鼓励监理企业内部搭建诚信评价体系，营造良好的执业环境。探索参照《中国建设监理协会会员信用评估标准（试行）》，鼓励监理企业内部搭建"诚信星级评价"为轴心的监理工程师诚信评价体系，包括且不限于人员资格、项目业绩、获奖表扬、不良行为等指标；构建以诚信为基础的"不良信用信息"公示平台，对信息失真、职业道德缺失等不良行为予以公示，并上报行业协会；构建以"执业过程评价＋客户后评价"为核心的客户评价体系，设置廉政投诉信箱，促使监理企业苦练诚信内功，提高标准化业务水平，促进行业的良性竞争。

2. 建议鼓励监理企业标准化运行，给予一定的政策支持。鼓励监理企业以中国监理协会《建设工程监理工作标准体系研究报告》为顶层设计，结合自身特色与发展，创建企业内部的标准化服务模式，促进工程监理执业规范化、信息化和程序化。对已有标准化流程的企业在行业评优、评先时予以优先考虑，并对招投标竞争予以赋能，促进工程监理行业持续健康发展。

3. 建议扶持监理企业创新发展，助力行业转型升级。支持鼓励监理企业加大创新力度，引进培养一批复合型高素质专业人才，积极运用BIM、智慧工地等新技术，尝试新型信息化、智能化、系统化服务模式，增强企业市场竞争力和工程建设服务中的影响力，以监理转型升级引领全过程工程咨询服务模式的推广应用，在全过程工程咨询服务中发挥专业主导性作用，以智慧咨询为建筑行业改革创新、区域经济高质量发展、城市品质建设提升贡献监理力量。

图13 业务管理平台

运用信息技术　引领企业标准化发展

河北冀科工程项目管理有限公司

河北冀科工程项目管理有限公司（以下简称"公司"）成立于 1995 年，是河北省建筑科学研究院的全资子公司。公司主要开展工程监理、招标代理、工程咨询、造价咨询、BIM 及信息化技术咨询、项目管理及全过程咨询服务业务。

一、企业诚信及标准化建设

（一）党建与生产经营深度融合

严格遵守党的政治纪律、政治规矩，从生产经营、行政办公、工程管理等方面强化职工的工作作风，全员签署廉洁自律依法从业承诺书，综合运用党建及党风廉政建设、绩效考核、先进评比、树立典型等方式营造风清气正、廉洁、诚信执业的健康环境。

（二）加强专业技术研究、实践，实施技术标准化管理

公司成立了一室六中心，组建各专业技术专家团队，完善管理制度，实施工程项目标准化、精细化管理。建立"质量、环境、职业健康安全管理体系"员工手册、制度汇编、标准化管理手册、督导检查制度、考核制度、项目部管理规定等近百项管理制度。建立以总经理为主要负责人，各部门、各专家组分管的标准化管理体系，促进新工艺、新技术、新方法在各专业领域的实践及

应用，促进技术沉淀及成果积累。公司累计承担相关课题 10 余项，申报专利近 20 项，完成标准编制 3 部。

（三）搭建信息化管理平台，促进管理提升

运用 BIM、无人机、总监宝、远程视频监控系统、环境监测系统、VR 安全体验平台等信息化技术，从项目决策阶段、勘察设计阶段、招标采购阶段、工程施工阶段、竣工验收阶段、运维阶段等提供多阶段多深度的管理服务，提升管理水平。

二、标准化管理案例

近年来，企业累计完成近百项医疗建筑的标准化管理，在此基础上成立了河北省医疗建筑学会，促进医疗建筑的品质化发展。代表性案例——石家庄市儿童医院项目。

石家庄市儿童医院任务重、工期紧，为了全面提高项目全过程监理的精细化管理及监理服务标准化，为业主提供高标准的服务。在项目监理过程中应用 BIM、总监宝、无人机、智慧工地等信息技术，严格按照公司制定的"监理标准化管理手册"实施，执行公司的各项规章管理制度如检验批验收制度、实测实量制度、专家组考核制度、资料整

理制度等。在监理人员的努力下，儿童医院项目的主体结构被评为省优质工程奖，实际工期约 300 天，多次受到市政府和省项目中心的表彰，并引起媒体关注，顺利交付使用。

（一）建设项目监理资料管理

1. 检验批验收、实测实量等公司规定制度的实施

1）项目监理部检验批验收制度

为了保证工程质量，本单位制定了检验批验收程序并设计了检验批验收记录表格，专门记录验收情况及存在问题，下发施工单位要求整改。表中所提问题需二次复验时，要求项目经理向总监理工程师报验，如连续两个检验批需二次以上复验时，则监理工程师将向施工单位领导进行通报。检验批制度在项目实施过程中，督促了施工单位加强自检，保证了工程质量，加快了施工进度。

2）实测实量制度

公司规定所有项目采用实测实量制度，测量的过程中采用随机原则，各实测取样的楼栋、楼层、房间、测点等，必须结合当前各标段的施工进度，通过图纸或随机抽样事前确定，并做好书面记录及存档。根据实测结果，发现问题并整改，规避类似问题发生。

2. 项目资料管理专人负责

公司规定项目部派专人负责项目资

料的编制、收集、整理和移交工作。总监为项目部资料管理负责人，各专业工程师应根据项目进展情况及时收集、整理本专业资料。

3. 文件资料的格式

资料格式统一使用公司规定的文本格式：统一编码、统一登记、统一报表格式、统一文本格式。

4. 项目资料的编制、收集、整理

1）项目资料的编制

总监依据相关规定及时组织编制监理规划，审批监理细则。

监理规划、监理细则、监理月报、监理会议纪要、内部检验批验收表、工程质量评估报告、监理工作总结等资料格式严格按照公司要求格式进行编制。项目部建立各种台账，并定期进行更新。

2）工程资料的收集、整理

工程资料与工程同步，及时进行收集，审核签字要规范、及时，通过审核签字的资料，应按照资料分类目录的要求放入相应的资料盒中；资料盒按资料分类和序号顺序摆放，在资料盒上粘贴公司统一标识。按照公司规定分类整理，便于项目部向档案馆、向公司（分长期、短期）、向建设单位移交资料。

5. 项目资料的验收、移交、归档、查阅

1）资料的验收、移交

分部工程或单位工程验收记录加盖单位公章时该分部或单位工程所有资料应收集汇总齐全，工程部对资料进行检查，查出资料收集不全的不予盖章。

竣工文件的验收与工程竣工的验收同步进行。项目监理部的监理资料自行整理合格后，公司安排人员进行验收，合格后报送工程部办理移交、归档手续。资料移交完成后，填写竣工资料签章审批单。

2）资料的归档、查阅

工程资料归档时填写工程竣工资料移交单，移交单必须经总监理工程师审核并签字。组卷内容参照公司资料移交目录明细进行。

项目部人员如需要对入库资料进行查阅、借阅，必须经工程部负责人同意后，由资料保管员取出需要查阅的资料，如需借阅，必须填写借阅单后，才允许取出，以确保资料不被丢失。

6 公司专家组检查、考核制度

为了保证项目顺利实施，资料及时、正确地收集与整理，公司委派专家组成员每季度进行全方位检查，提供技术支持，发现工程中存在问题，及时纠偏，督促整改，并形成检查记录（见项目监理考核表），作为项目考核的依据。检查、考核制度保证了工程项目的正常施工，竣工资料完整、真实、及时地交付公司。

（二）信息技术的应用

1. 无人机的应用

建筑从业人员较为复杂，消极怠工现象普遍存在，因缺乏安全意识导致的安全事故时有发生。利用无人机搭载高清视频设备进行现场巡视，可以对施工人员的行为进行有效监控。尤其是对于高层建筑施工现场来说，这一应用尤为重要。无人机可从不同高度、不同角度对现场进行航拍，把视频和图像资料实时回传给操作人员，通过软件的收录和分析，从而展现整个施工现场的全貌，便于管理者及时开展现场管理，并根据施工情况及时调整工程策略，从而优化整个施工流程。此外，无人机还可以近距离接触施工现场，能够及时发现施工中存在的质量问题和安全隐患，便于管理者开展隐患排查和工程质量检查工作，节约人力成本，提高工作效率。

无人机技术能够真实、清晰地反应实际情况，结合有效的施工管理方法，有利于施工现场的精细化管理，降低工程管理的外业工作量，可提高施工效率、管理能力和建设水平。

2. BIM 技术、总监宝在工程中的应用

1）BIM 是以三维数字技术为基础，将建筑的数据信息、几何尺寸、物理属性等以更加直观形象的方式展现出来。标准化则是要建立完善的标准化体系，以促进建筑工业化生产，利用构件配件的通用性和互换性来规范生产，从而取得更佳的经济效益。BIM 可以更加形象地指导标准化交底，以数字技术促进标准化。标准化则规范了 BIM 的数字化模数，两者相辅相成，相互促进。"BIM+标准化"模式结合两者之间的特点，在推动建筑工业化的进程中势必起到强有力的推动作用。

例如，石家庄市儿童医院项目"BIM+标准化"在场地布置方面的应用，能够将建筑工程当中的所有建造信息统一集成构建一个信息共享平台，更加细致、直观、真实且有深度地表征建筑项目时空信息，使得不同管理人员在项目不同寿命阶段进行动态管理。

2）公司总监宝在本项目实施应用

监理既要做好现场工作，还要进行信息的汇总和梳理，为了保证项目现场工作标准化，过程信息即时化，信息与现场同步化，本项目采用了总监宝。总监宝在现场只要用智能手机将工作行为录入，系统进行后台所有的处理，自动汇总成全过程资料。

通过总监宝可以完成巡视、旁站、

验收、材料进场等现场工作，通过技术手段，自动汇总现场每个人工作行为信息，形成台账，云保存可下载，全面真实地反映监理人员的工作状态。

3. 智慧工地

"智慧工地"是一种崭新的工程现场一体化管理模式，是"互联网 +"与传统建筑行业的深度融合。它充分利用移动互联网、物联网、云计算、大数据等新一代信息技术，围绕人、机、料、法、环等各方面关键因素，彻底改变传统建筑施工现场参建各方现场管理的交互方式、工作方式和管理模式，为建设、监理、施工等企业及政府监管部门等提供工地现场管理信息化解决方案。

"智慧工地"作为促进建筑行业发展创新的重要技术手段，大大提高了建筑工程管理的信息化、智慧化和标准化，精准把控现场脉络，及时消除安全隐患，缩短管理半径，优化管理流程，提高管理效率，保障了企业和项目安全生产。

1）劳务实名制管理系统

系统实现了对现场人员的管理以及劳务实名制，配合门禁闸机系统，通过软硬件结合的方式，掌握施工现场人员的出入情况。劳务管理采用"云 + 端"的产品形式，使用闸机硬件与管理软件结合的物联网技术，实时、准确地收集人员的信息进行劳务管理，并具有"实时作业人数""日累计进场人数""劳务实名制""班组人员管理""对接住房城乡建设局系统""对接公安系统"等功能。

2）智能塔吊可视系统

智能塔吊可视系统具有"三维立体防碰撞""超载预警""超限预警""大臂绞盘防跳槽监控""塔吊监管""全程可视化""远程监控"等功能，全方位扫除盲区，以及隔山吊、洞臂吊等特殊吊装的视觉盲区。

4. 远程视频监控系统

监理管理人员通过数字信息平台实时观看现场施工情况，扩大了巡视视角，可随时对监控视频进行录入、回放、导出等操作，发现违规行为可及时通知施工单位进行整改，降低违章作业的发生。

5. 环境监测系统

监测的数据包括扬尘浓度、噪声指数以及视频画面，实现了实时、远程、自动监控颗粒物浓度，现场数据通过网络传输，并且具备自动报警功能，可以随时掌控环境发生的变化，进而告知有关部门进行整顿，同时具备报警联动信息输出，可以外接喷雾降尘设备，实现联动。

6. 材料现场验收管理系统

材料验收系统是为了实现大宗物资进出场计量全方位管控，提高监理在材料进场时的验收效率，避免人为篡改、记录错误的同时，也实现全过磅流程的信息化管理。

7. VR 安全体验平台

通过 VR 安全体验，可以让施工现场人员身临其境感受到不同施工部位可能产生的危险，加强工人安全意识，杜绝安全事故。

8. 进度管控

提前在数字平台上录入总计划、月计划、周计划，每日进行进度录入，通过云平台及大数据可以提前进行进度纠偏、调整，保证按期完工。

9. 质量、安全管理

每日将所发现质量、安全问题以文字说明及照片形式发送到数字信息平台上，每天会推送未整改问题的信息，提醒负责人限期整改，所有管理人员均可看到，加强管理意识。

河北冀科工程项目管理有限公司在各工程建设过程中，运用信息技术全面推进标准化，严格按程序、按标准来处理监理过程中的问题，切实提高全体监理整体素质、技术水平和管理能力，为业主提供高标准的服务，并且在实施过程中不断总结经验，不断查找实施过程中的不足，不断完善自我，提高监理企业自身竞争力，促使企业不断发展。

优秀历史建筑重点保护部位修缮施工监控要点

张继兵

上海海龙良策工程顾问有限公司

摘 要：优秀历史建筑保护修缮工程是为维护建筑安全，恢复建筑风貌，提升使用功能，对优秀历史建筑立面、结构、室内外装饰、设备设施以及环境风貌进行维护修缮的工程行为。优秀历史建筑重点保护修缮施工监理是指监理单位根据与委托方签订的委托监理合同，在优秀历史建筑保护工程的施工准备阶段、施工阶段和竣工阶段内，对重点保护部位的工程质量进行监督和管理的一系列施工监控活动。

关键词：优秀历史建筑；保护部位；修缮；施工监控

引言

优秀历史建筑重点保护修缮施工监理划分为施工准备阶段、施工阶段和竣工验收三个阶段。

一、施工准备阶段的监理

1. 施工准备阶段，总监理工程师应组织监理人员全面熟悉合同文件、设计文件、相关标准和检测方法，熟悉重点保护部位现状情况，对于设计文件中提供的图纸和数据，应组织现场复查，发现问题，应通过项目实施单位向设计单位提出书面意见和建议。项目监理人员应参加由项目实施单位方组织的设计技术交底会，总监理工程师应对设计技术交底会议纪要进行签认。

2. 项目监理机构应按合同规定督促施工单位组建完整的、以自控为主的质量保证体系，该体系各类管理人员应由具有相应专业技术职称、熟悉技术规范和技术文件的技术人员担任。在工程项目开工前，施工单位应将工程质量保证体系方案、企业资信证明和相关资料报项目监理机构进行审核，经总监理工程师签认后报送项目实施单位。

3. 工程开工前，总监理工程师应组织专业监理工程师审查施工单位提交的施工方案（包括常规修缮施工方案和保护专项施工方案），并在报审表上提出审查意见，签认后报项目实施单位，保护专项施工方案需报优秀历史建筑保护主管部门审批。专业监理工程师应依据施工合同规定的日期，认真审查施工单位提出的开工日期及相关资料，符合开工条件时，报请总监理工程师签发开工令，并报送项目实施单位。

二、施工阶段的监理工作

1. 优秀历史建筑保护工程施工过程中，施工方案应与审图公司审核通过及优秀历史建筑保护主管部门批准的工程设计文件相符。保护修缮工程实际情况发生变更，应依据设计部门的变更设计及相关批准文件为依据。重点保护部位设计方案、施工方案发生调整或修改时，监理应协助项目实施单位及时上报优秀历史建筑保护主管部门批准，必要时，应组织专家论证。

2. 所有用于工程的材料，必须有产品合格证和厂家提供的质检部门检测报告，经专业监理工程师审核批准后使用。对于重要的材料应按相关行业技术规范取样送检，必要时，应由监理人员现场见证。专业监理工程师应对施工单位报送的拟进场施工材料、设备、构配件进行审核检验，合格后予以签认。对未经监理人员验收或验收不合格的材料、设备、构配件，监理人员有权拒绝签认，应发出书面通知，要求施工单位限期将不合格的工程材料、设备、构配件撤出现场。

3. 要求施工单位提交重点保护部位、关键工序的施工工艺和确保工程质量的措施，经监理工程师审查后，报总监理工程师予以签认。施工期间监理机构应派监理人员实施记录旁站，并填写旁站记录。

4. 当施工单位对保护修缮工程采用新工艺、新技术、新设备与原批准的方案不符时，专业监理工程师应要求施工单位报送相应的施工工艺、措施和证明材料，经设计认可，总监理工程师批准，必要时，需报经优秀历史建筑保护主管部门组织专家论证通过后，方可在保护修缮工程中采用。

三、工程竣工验收阶段的监理

1. 工程施工全部结束，监理单位在接到施工单位自检合格报验申请后，由总监理工程师组织专业监理工程师及项目实施单位和施工单位，依照有关法律、法规、验收标准、技术规范、设计文件和施工合同，对保护修缮工程进行质量竣工预验收，并形成初验收纪要，各方会签，对存在的问题，要求施工方限期整改。

2. 施工单位按初验收纪要内容整改完毕，并报送竣工资料，由总监理工程师组织审查，符合要求，总监理工程师签署工程竣工重点保护部位符合性验收报验单，编写工程质量评估报告。工程

质量评估报告应由总监理工程师审核签字并加盖监理单位公章。

3. 项目监理机构应及时将竣工资料及工程质量评估报告提交项目实施单位，协助项目实施单位组织保护修缮工程参与各方联合进行单位工程竣工验收。在单位工程验收合格基础上，协助项目实施单位向优秀历史建筑保护主管部门提出重点保护要求符合性验收申请，由优秀历史建筑保护主管部门召集专家及项目设计单位、施工单位及监理单位进行符合性验收。

4. 项目监理机构应参加工程竣工验收，并提供相关的监理资料及监理工作总结报告。工程验收合格后，工程竣工验收报告由项目验收组织机构起草，参加工程验收各方应在工程竣工验收报告上签字。监理人员应对工程质量缺陷原因进行调查分析并确定责任归属，对非施工单位原因造成的工程质量缺陷，监理人员应核准工程量后报项目实施单位。

四、结合项目实践浅谈优秀历史建筑重点保护部位修缮施工监控要点

受业主的信任和委托，公司监理项目部于 2019 年 6 月开始对延庆路 29 弄等优秀历史建筑修缮工程实施监理。该项目包括延庆路（大福里）29 弄 7 幢 4360m²、121 号 1 幢 901m²、159 号 1 幢 355m²、延庆路 18 弄 10 号 1 幢 1016m²、五原路 289 弄 1-4 号 2 幢 466m² 等共涉及 12 幢优秀历史建筑的修缮。

（一）屋面施工监理控制措施

1. 屋面修缮前施工单位应对屋面的

结构、结构的损坏情况进行详细检查、抽检、拍照并做好记录，其重点部位包括坡屋面的屋面板、桁条、屋架等结构及瓦片、天沟、斜沟泛水和防水层的损坏情况，平屋面的结构层、隔热层、保温层、防水层及保护层的损坏程度。

2. 屋面的建筑样式，建筑细部的用料、材质、规格、色彩，应按原样修复，保持建筑的原有风貌。

3. 应改善或消除因用料或构造不当，存在的固有缺陷。

4. 坡屋面的修缮应符合下列要求：不同规格、色泽的瓦片不得在同一坡面上混用，瓦片有缺角、裂缝、砂眼、翘曲缺陷的不得使用。修缮后屋面应坡度平顺，瓦头平整落样，屋脊平直牢固；屋面坡度大于 30° 时，瓦片应与屋面构件扣扎牢固；小青瓦及其他特殊材料的屋面修缮，应编制专门的修缮工艺方案。

5. 平屋面的修缮，应符合下列要求：屋面结构层的损坏应修复，屋面要有足够的泛水坡度，并应加隔气层，屋面的保温层、防水层宜采用质量高的材料，上人屋面宜增设表面保护层。

6. 屋面的防水、保温层、变形缝、泛水、出水口等构造的施工，应严格按相关规定执行。

（二）外立面施工监理控制措施

1. 板（块）材（包括人造和天然）的内、外墙（柱）饰面损坏的修缮，应满足如下基本要求：

1）粘贴墙面的修缮，基层与结构层间有少量（面积小于 300mm×300mm）起壳，基层砂浆强度较好，可采用不锈钢膨胀螺栓加环氧树脂注浆锚固。起壳面积大于单片板面积的 50% 且砂浆疏松的，应凿除基层重做；面层与基层有

少量空鼓，面积在 30% 以内，可用不锈钢螺栓加环氧树脂注浆锚固。面板松动或起壳大于面板面积 30% 应凿除重做。板材面层少量裂缝或有钉孔、缺角，无松动现象，可用同质、同色石屑砂浆修补；板材表面轻度风化、磨损，可用浆磨的方法修复。风化麻面深度大于 1mm，面积大于 20%，宜进行凿除重做；板材接缝损坏，应按原样补嵌牢固、严实，不得有漏嵌及渗水现象。

2）墙面的修缮：板材表面轻度风化、磨损、麻面、钉孔，可用同质同色砂浆嵌补后，浆磨修复；联结件锈烂、松动、脱落，应更换或加固。

2. 修缮用的板材，其花纹、色彩，宜基本一致，表面不得有隐伤、风化等缺陷；板（块）材的翻铺、局部调换，应在施工前进行挑选、预拼、编号；板（块）材安装必须牢固，嵌缝密实、平直，施工溢出的浆液应随时清除。

3. 抹灰墙（柱）面，应根据起壳、裂缝、风化、剥落等损坏原因和损坏程度，进行修缮，并应满足如下要求：修缮前应对墙（柱）面所用材料、构造、工艺特点进行调查，有特殊装饰效果的应测绘录像和文字记录，建立工艺档案；基层起壳，无裂缝，起壳面积在 0.1m² 以内，基层强度较好，可采用环氧树脂灌浆，加不锈钢螺栓锚固；基层砂浆疏松，或起壳面积大于 0.1m²，或起壳同时有裂缝的应凿除重做；面层起壳，面积大于 0.1m²，应凿除重做；面层裂缝，宽度在 0.3mm 以下，无起壳现象，可进行嵌缝处理；面层疏松、剥落基层强度和整体性较好，可凿除面层，局部修补。

4. 墙面修缮材料的配合比应试配，面层抹灰应试样，达到设计效果后再全面施工。所用水泥砂浆，硅酸盐水泥强度等级不低于设计图纸要求；墙面局部修补，应平整、紧密，分界面方正平直，接缝宜设在墙面的引线、阴角、线脚凹口处。有装饰效果的饰面修缮应满足如下要求：所用材料基本参数：粒径、质感、色泽应与原墙面基本一致；基层应平整，黏结牢固，接缝紧密；表面层的施工工艺及纹样，应与原墙面一致。施工时，应做好灰尘、废水、废气的收集处理，防止污染环境。

b. 清水墙面（包括以砖或其他砌体直接作为墙面饰面），当发生墙面风化、缺损、掉角，灰角松动脱落等损坏时，修缮应满足如下要求：修缮前，了解原有的施工工艺、材料、砌筑构造形式；墙面轻度损坏缺角、表面风化，应凿除风化疏松，宜用配色砂浆修补；墙面严重损坏风化，要用挖补、镶补，或用黏土面砖嵌补等方法。修补后墙面色泽协调、表面平整、头角方正，无空鼓；灰缝的修补，应剔除损坏的灰缝，出清浮灰，宜按原材料和嵌缝形式修补。修复后，灰缝应平直、密实，无松动、断裂、漏嵌；确需改变材料和嵌缝形式的，需做试样，保证质量，符合要求后施工。

（三）承重构件施工监理控制措施

1. 木地板修缮，按其构造又分为单层和双层楼（地）面板。当楼（地）面板缺损、松动腐烂，面积在 20% 以下，可进行局部修换。损坏面积大于 20%，宜进行翻修。木地板更换，应满足：板段的长度不小于连续三根格栅的间距；相邻两板段的接头不得在同一根格栅上；木地板面的磨耗凹陷少于 2mm 以内，面积在 10% 以下，满足使用安全要求的，可磨平翻新；拼花地板的面层

磨坏、残缺，应选择同质、同规格和色泽的材料，按原有图案进行拼修。铺贴用胶应符合防水、防菌和环保等要求；木地板拼接应紧密牢固，板缝间隙应小于 0.3mm，接缝高差小于 0.3mm，修换后板面应刨平磨光，并做表面防护处理；木地板修缮所用材料，质量应符合现行国家标准的规定，并应做防腐处理。

2. 石板、地砖楼（地）面层包括，天然石板材、地砖、锦砖（马赛克）等。楼（地）面层的修缮，应符合下列要求：当面层缺棱、麻面，单侧裂缝宽度在 0.3mm 以内，面层与基层粘贴牢固无松动，可用同质石材粉料拌制的环氧砂浆嵌补，硬固后整平磨光；当面层碎裂、松动时，应选择材质、规格、色彩、纹样相同的材料，进行局部更换。石板、地砖翻铺应符合如下要求：应对原地面的样式、图案做好测绘；铺贴前，应对面层材料进行挑选，对色拼花、试铺、编号。

3. 对面层材料进行润湿，清除表面残留污染物；铺贴应调整拼缝和平整度，及时清洁板面多余砂浆，及时嵌缝，在粘贴固化前，面层不得负载。四角平差应小于 0.5mm，接缝高差应小于 0.5mm，缝宽误差应小于 1mm。面层铺贴应平整、牢固，无沾污、浆痕、泛碱，色泽一致；卫生间、厨房、阳台等设地漏的地面层，应设置排水坡度，并且不少于 15%。

4. 所有楼板的管洞、套管洞周围的缝隙均用掺加膨胀剂的细石混凝土浇灌严实抹平，孔洞较大的，进行吊模浇筑膨胀混凝土。待全部处理完后进行灌水实验，24h 无渗漏，方可进行下道工序水泥砂浆找平层。

5. 基层找平层完成后，应达到坚实平整，清洁无空鼓松动、明显裂缝、麻面、起砂等现象，否则应用水泥胶腻子修补，使之平滑。所有转角处一律做成半径 10mm 的均匀一致的平滑圆角，所有管件、地漏或排水口等部位必须就位正确，安装牢固，不得有任何松动现象，收头圆滑，并用嵌缝材料进行嵌填、补平。基层无突起锋利物，含水率符合要求。

6. 在基层表面保持湿润状态时即可涂刷第一层防水层，涂刷时应采用水泥工专用刷子，厚度应符合设计要求。第一层防水层干时，涂刷第二层防水层，当天气较高较热时，需在第一层防水层表面喷上一层雾水润湿。除非天气极为炎热干燥，弹性防挡水一般无须进行特别固化养护处理。

7. 做空心砌体墙脚防水砂浆层以及管道口、排水口周围防水，应加用聚乙烯弹性防水涂料，高度应符合设计和规范要求。

8. 当房屋设备因其负载能力或本身的材料强度，不符合使用和安全要求时，应予修缮、更换或增设。

9. 修缮设备前，应对设备管线和装置情况进行勘查，其内容应包括：弄清原有配置的管线走向、容量、系统设置方式，零配件的尺寸、规格；对原有设备的完好程度和安全性能进行测试、鉴定；提出修缮方案，对有历史文化价值的设备及零配件，应予保护修缮，相对集中使用。

10. 更换或新增设备及其系统的敷设，除应满足使用功能和安全要求外，尚应满足如下要求：选择技术先进、效率高、环境兼容性好的管线及系统设备、零配件；其设置部位、外观尺寸等，应

与建筑环境相协调，应不影响建筑保护部位的整体效果。宜用暗线敷设；增设的相关设备，应设置于较为隐蔽位置，并在外观上做适当的美化遮挡处理。

（四）室内公共部位施工监理控制措施

1. 修缮使用的管线材料、产品及零配件，应符合现行国家产品安全标准。修缮完成后，应进行调试，保证运转正常，符合要求方可投入使用。

2. 保留原有室内装饰，包括：壁橱、瓷砖墙裙、踢脚线、挂镜线、顶棚线脚等；原木格栅板条平顶打开勘察内部结构，检修并按原样复原。原有卫生间位置整治，装配浴缸、台盆、水龙头、马桶等设施，清洗修缮历史原物，新配的为中档产品。室内原有厨房位置新做灶台，每户做 500mm×1200mm 生态板或耐力板的新灶台。

3. 厨房内原有墙裙的墙面，统一新铺白色瓷砖（300mm×400mm），高度贴到 1800mm，清洗修缮原有地面，非原有铺地的新铺或重铺防滑地砖（300mm×300mm）；瓷砖粘贴前必须在清水中浸泡两小时以上，以砖体不冒泡为准，取出晾干待用。粘贴时，自下向上，要求灰浆饱满，补灰时，必须取下重粘，不允许从砖缝、口处塞灰补垫。

4. 正式粘贴前必须粘贴标准点，用以控制粘贴表面的平整度，操作时应随时用靠尺检查平整度，不平、不直的，要取下重粘；铺粘时遇到管线、灯具开关、卫生间设备的支承件等，必须用整砖套割吻合，禁止用非整砖拼凑粘贴。整间或独立部位粘贴宜一次完成，一次不能完成时，应将接茬口留在施工缝或阴角处。

5. 墙面瓷砖粘贴的验收。墙面瓷砖

粘贴必须牢固，无歪斜、缺棱掉角、裂缝等缺陷。墙砖铺粘表面要平整、洁净、色泽协调，图案安排合理，无变色、泛碱、污痕和显著光泽受损处。砖块接缝填嵌密实、平直、宽窄均匀、颜色一致，阴阳角处搭接方向正确。非整砖使用部位适当，排列平直。预留孔洞尺寸正确、边缘整齐。检查平整度误差小于 2mm，立面垂直误差小于 2mm，接缝高低偏差小于 0.5mm，平直度小于 2mm。

6. 建筑中的雕刻（壁画、浮雕、木雕、石雕、砖雕）应予以保护。因风化、开裂、残裂等损坏，应以修缮。

雕饰轻度局部损坏的修缮复原，应符合下列要求：施工修复前，凿除风化、腐朽部分，处理好结合面；修接工艺和模式，修缮用材料的特性、质感、纹理、色彩、强度均应与原物协调一致；采用拆拼、移植等方法，充分利用原物原材；所用连接件、锚固件，宜设置于隐蔽处。

7. 复制件宜与原有的调式风格、尺度和工艺特点协调，并满足相关技术工艺规程要求；修接安装应牢固可靠，所有金属连接件应做防腐、防火处理，木雕应做防虫处理。

8. 细木装饰（护壁板、木线条、门窗贴脸、隔断、挂落、窗帘盒、窗台板、护栏、扶手、水汀罩等）出现起鼓、损坏、松动、残缺、腐烂等情况时，应予修缮；施工前应做检查，并记录其工艺特点、构造连接方法，分析损坏原因和程度，制定相应工艺方案，对具有历史、艺术价值的装饰，应按原样修补、拼接、加固或原样复制。

9. 细木装饰局部修缮，应充分利用旧料，装饰构图、施工工艺、构造连接方式应与原有装饰协调一致；细木

装饰翻修时，宜保持原有风格和工艺特点。

10. 细木装饰修缮应做到接缝紧密严直，与墙面、顶棚、地面等接合安装牢固，一般无缝隙、翘曲，并应符合下列要求：挂镜线、顶角线、门窗贴脸接头应成45°角，上口平直误差不应大于3mm，接槎高低差不应大于0.5mm；窗帘盒下沿全长高低差不应大于2mm。

11. 护壁板板面凹陷不应大于0.5mm，面板垂直偏差不应大于2mm，护壁板阴阳角应平直；护栏、扶手转弯角度，应与原物一致，表面光滑，无裂缝，扶手平直度差不应大于3mm。细木装饰用料的材种，宜与原装饰用材相同，应控制含水率、斜纹翘曲、木节等缺陷，并符合相关规范要求。

（五）小区附属设施施工监理控制措施

1. 管道的材质、规格、型号等必须符合设计规范要求，管道安装、固定、位置、坡度必须符合设计和施工规范要求，各种管道的隐蔽工程必须划分部位且在隐蔽前验收，各项指标必须符合设计和施工规范要求，各种管道安装完毕所进行的水压试验、灌水试验，必须符合设计和施工规范要求。

2. 给水系统竣工后或交付使用前，必须进行冲洗；排水系统的管道支（吊、托）架及管座（墩）安装必须符合施工工艺；排水系统安装完毕后的通球、通水试验必须符合规范和北京市规定的技术要求；对工程的各种试验，如水压强度、灌水、冲洗、通球、通水试验必须进行全过程旁站监控，严格按照设计和规范要求，并审签相关的记录资料。

3. 建筑环境是指保护控制范围内，各种人工与自然的空间构成，包括绿化、建筑小品，功能构筑物与道路等的总成；体现了历史建筑艺术特征、情趣，建筑技术、构造、材料、工艺时代特点，以及建筑使用功能等。

4. 修缮前，应对原建筑环境进行调查，其内容包括：地区风貌对建筑环境的要求；原建筑设计风格，对建筑环境的要求；建筑环境的主要构成要素，及其损坏、缺失状况，恢复的可能程度。

5. 对具有表征意义的环境要素，雕塑、建筑小品、围墙、护栏、道路、灯饰等建筑饰物，应按原有的材料、构造、工艺、样式进行修复，恢复原有环境风貌；对具有功能作用的环境要素的增设改建，如配变电、门卫、厕所、商场等的设置位置、尺度、用料、色彩等，应满足功能要求，并与环境风貌相协调。

6. 原有的绿化，乔木、特殊花草、名贵树木，应予保护。新增绿化应和建筑的历史环境相协调。

7. 道路的修缮，宜参照原有道路的布局走向、修筑特点、用料和构造形式修复，并满足通行要求，做到自然、舒适、排水流畅，保留历史风貌信息。

8. 原有下水道若走向合理，符合排水要求，仅出现局部损坏，可进行局部排堵修换。其用料和构筑方式，宜按原来工艺特点进行。新敷设或翻做排水管时，应保护建筑和环境。

结语

作为本项目总监深感责任重大，因此，要求项目监理机构人员在现场监理过程中，始终以"守法、诚信、公正、科学"为执业准则，坚持质量第一、以人为核心、预防为主的原则，认真、细致做好现场监理工作。在监理过程中始终督促施工单位严格遵循优秀历史建筑真实性、合理利用、最低干预、可逆性和完整性原则进行修缮，从而最大限度保护历史建筑的历史、科学和艺术价值，真正做到修旧如故的初衷。

参考文献

[1] 优秀历史建筑保护修缮技术规程：DG/TJ08–108–2014 [S]. 上海，同济大学出版社，2014.
[2] 优秀历史建筑保护修缮工程施工监理指南 [S/OL]. http://jsjtw.sh.gov.cn/fgj/yxlsjz/20190114/56087.html
[3] 上海市优秀历史建筑保护修缮工程验收导则 [S/OL]. http://zjw.sh.gov.cn/fgj/yxlsjz/20190114/0013–56085.html
[4] 延庆路29弄等优秀历史建筑修缮工程监理规划和施工组织设计.

地下车站主体结构防水施工技术

牛敬玲

上海天佑工程咨询有限公司

摘　要：地铁车站主体结构防水施工是保证地铁工程质量的关键，其贯穿于施工全过程，直接影响到地下车站的使用功能及寿命，对整个车站起着至关重要的作用。本文对地铁地下车站主体结构防水施工技术进行了详细介绍，提出主体结构防水施工过程中的施工技术要点和管控措施，对于类似条件下主体结构防水施工具有重要参考价值。

关键词：地下车站；结构防水；止水带；注浆管；施工技术管理

引言

随着城市交通的发展和地下铁路的建设，近年来一些城市形成了城市快速轨道交通系统。地铁主要服务于城市中心城区和城市总体规划确定的重点地区，运行速度快、运送能力大、准点、安全，对地面无太大影响，不存在人、车混流现象，没有复杂的交通组织问题，环境污染小。但是，地铁建设在地下，施工条件困难，工期长，工程建设费用较地面高。

车站设计宜考虑地下、地上空间综合利用。地铁车站根据所处位置、埋深、运营性质、结构横断面、站台形式等进行不同分类。根据车站与地面的相对位置，可以分为地下车站、地面车站和高架车站。地下车站的土建工程宜一次建成，地面和高架车站及地面建筑可分期建设。

地铁车站通常由车站主体（站台、站厅、设备用房、生活用房等）、出入口及通道、通风道及地面通风亭三大部分组成。车站的总体布局应符合城市交通规划、环境保护和城市景观的要求，妥善处理好与地面建筑、地下管线、地下构筑物等之间的关系。车站设计必须满足客流需求，保证乘降安全、疏导迅速、布置紧凑、便于管理，并具有良好的通风、照明、卫生、防灾等设施，为乘客提供舒适的乘车环境。

由于地下车站基本均处于地下水位以下，主体结构防水是地铁建造质量的重要环节，防水施工质量直接关系到地铁建设的使用性、耐久性和安全性。地下车站主体结构防水施工是保证地铁工程质量的关键，其贯穿于施工全过程，直接影响到车站的使用功能及寿命，对整个车站起着至关重要的作用，本文结合合肥城市轨道交通工程实例阐述地下

车站主体结构防水设计及施工技术管理要点，以期抛砖引玉，并为今后类似工程施工提供借鉴。

一、防水设计原则和技术标准

合肥轨道交通三号线铜陵北路站地下车站标准断面防水设计如图1所示。

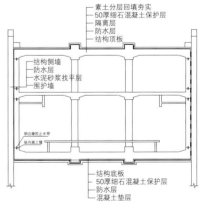

图1　车站标准断面防水示意图

（一）防水设计原则

1. 明挖主体防水施工遵循"以防为主、刚柔结合、多道防线、因地制宜、综合治理"的原则。

1）以防为主：主要是以混凝土自防水为主，首先应保证混凝土、钢筋混凝土结构的自防水能力，为此应采取有效的技术措施，保证防水混凝土达到规范规定的密实性、抗渗性、抗裂性、防腐性和耐久性，加强结构变形缝、施工缝、穿墙管、预埋件、预留通道、接头、桩头、拐角等细部构造的防水措施。

2）刚柔结合：采用结构自防水和外包柔性防水层相结合的防水方式。适应结构变形，隔离地下水对混凝土的侵蚀，增加结构防水性、耐久性。

3）多道防线：除以混凝土自防水为主，提高其抗裂和抗渗性能外，应辅以柔性防水层，并在围护结构的设计与施工中积极创造条件，满足防水要求，达到互补作用，才能实现整体工程防水的不渗、不漏。细部如变形缝、施工缝等同时设多道防水措施。

4）因地制宜：在城市修建地铁，根据环保、水资源保护的要求，防排水设计应采用"防"而不是"排"的原则，严禁将地下水引入区间。

5）综合治理：地下工程防水是一项技术性强、部门多、涉及面广的综合性工程，因其要求结构与防水相结合，结构自防水与外包防水层相结合，主体结构防水与细部构造防水并重，主材与辅材配套，施工、设计相协调，同时做好其他辅助措施。

2. 确立钢筋混凝土结构自防水体系，即以结构自防水为根本，施工缝、变形缝等接缝防水为重点，辅以附加防水层加强防水，并根据水文地质情况、

施工方法、结构形式、防水标准和使用要求、技术经济指标综合确定有效、可靠、操作方便的防水方案，采取措施控制结构混凝土裂缝的发生，增加混凝土的密实性、抗渗性、抗裂性、防腐性和耐久性等性能，以施工缝（包括后浇带）、变形缝、穿墙管、桩头等细部构造的防水为重点，同时在结构迎水面设置柔性全包防水层。

（二）防水技术标准

地下车站和机电设备集中区段的防水等级应为一级，不允许渗水，结构表面无湿渍。

二、防水设计内容

1. 地下结构迎水面部分采用防水混凝土，抗渗等级不小于 P8。

2. 顶板采用涂刷高渗透改性环氧树脂防水涂料（0.5kg/m²）+1 层 4mm 厚单面粘自粘聚合物改性沥青防水卷材（《自粘聚合物改性沥青防水卷材》GB 23441—2009），70mm 厚 C20 细石混凝土保护。

3. 侧墙、底板防水层采用单层 4mm 厚双面粘沥青基聚酯胎预铺防水卷材（《外墙柔性腻子》GB/T 23455—2009）PY 类；底板采用 50mm 厚 C20 细石混凝土保护。

4. 冬季顶板施工方案：涂刷或喷

涂 1.7mm 非固化橡胶沥青防水涂料（2.0kg/m²）+1 层 4mm 厚单面粘自粘聚合物改性沥青防水卷材 PY—Ⅱ类，70mm 厚 C20 细石混凝土保护。

三、结构防水

（一）底板防水施工

1. 基面处理

底板防水基面施工即底板垫层施工，按照设计要求，基坑开挖至基底标高后浇筑 16om 厚 C20 细石混凝土垫层，在垫层混凝土强度、干燥程度达到要求后，表面清扫干净，开始铺设 1.7mm 厚高分子（自粘式）防水卷材。

车站端头井底板下翻梁、综合接地等沟槽纵横交错，在进行开挖作业过程中，局部存在超挖现象，在进行卷材施工前，需采用立模浇筑混凝土垫层，对基层进行回填找平处理，确保卷材铺设及结构施工要求，如图 2 所示。

2. 卷材铺设

底板下翻梁、结构高程变化处阴阳角按照设计要求铺设 500mm 宽卷材加强层，如图 3 所示。

卷材铺设过程中要注意搭接宽度不得小于 10cm，防水卷材黏结层保护膜在保护层混凝土浇筑时随浇随撕，如图 4 所示。

图2 底板垫层混凝土浇筑

图3 加强层铺设

图4 卷材铺设

图5 防水保护层混凝土浇筑

图6 桩间喷射混凝土

图7 围护结构堵漏

3.防水保护层浇筑

防水卷材铺设完成后，按照设计要求浇筑 50mm 厚 C20 细石混凝土保护层，人工收面抹平，如图 5 所示。

（二）侧墙防水层施工

侧墙防水层施工的控制重点是基面处理，涉及的工序相对较多，包括围护结构侵限处理、桩间找平、堵漏及水泥砂浆找平。

其中围护结构侵限处理、桩间土清理、桩间喷射混凝土在随基坑下挖过程中要测量并及时跟踪处理到位，在现场管理责任界定上列入基坑开挖工序内，是从上到下的施工工序。

堵漏及水泥砂浆找平工序按照主体结构分层从下而上逐层完成，堵漏材料采用聚氨酯，将渗水点逐一封堵，在水泥砂浆找平之前完成，清除遗留的注浆针头及流出的泡沫块。

水泥砂浆找平作为侧墙基面处理的最后一道工序，也是卷材铺设的前一道工序，抹面完成后进行验收，在侧墙钢筋安装之前完成侧墙卷材铺设。

1.基面处理

桩间土清理完成后按照设计要求采用 C20 喷射混凝土初次找平。

桩间喷射混凝土平整与否直接影响到水泥砂浆找平层平整度，尤其是喷射混凝土表面出现较大的尖锐石子等突出物，在喷射后及时采用铁锹等工具拍压平整，对凹凸较大的部位进行二次喷射，确保大面平整，一方面可减少水泥砂浆找平层工程量，另一方面可以有效提高水泥砂浆找平层平整度（图6）。

2.漏水堵漏处理

围护结构渗漏水表现为面渗及点渗两种情况：

1）对于侧墙较大面积的渗水部位采用聚氨酯注浆料进行堵漏。对注浆后还存在渗漏的部位进行二次注浆，最终能满足防水施工对基面的要求。

2）对个别渗漏点采用快硬水泥掺加速凝剂进行封堵，如图 7 所示。

通过以上两种方法对基面渗漏水进行处理，达到卷材铺设对基面的要求。

3）水泥砂浆找平

对于围护结构水平位置变化处拐角采用水泥砂浆做圆角过渡。侧墙水泥砂浆基面抹平后采用靠尺检测平整度。

4）防水卷材铺设

侧墙防水层保护膜在钢筋安装之前撕去，但必须将接头部分的保护膜保留（图8、图9）。

（三）顶板防水层施工

1.基面处理

顶板防水卷材采用后铺，在顶板混凝土浇筑完成洒水养护3天后涂刷水泥浆，撕掉保护膜，反应层向下，铺在顶板上，铺设完成验收后及时浇筑细石混凝土保护层。

防水施工前将上翻梁棱角及腋角部位分别采用打磨及水泥砂浆处理成圆弧过渡，并将基面清理干净（图10、图11）。

2.基面洒水

顶板水泥浆涂刷前提前将整个顶板结构面洒水，充分湿润，减少水泥浆中

图8 保留接头处保护膜

图9 铺设后的侧墙卷材

图10 上翻梁棱角打磨成圆弧

水分的流失。

3. 卷材预铺

顶板卷材铺设的有利条件是基面平整，而且是平面作业，按照铺设长度和搭接宽度先进行预铺。

4. 卷材铺设

顶板卷材正式铺设前先将预铺的卷材统一向一端掀起3/4左右，然后分幅涂刷水泥浆，涂刷一幅铺设一幅，如图12、图13所示。

水泥浆涂刷完毕，撕去邻幅卷材一

边的接头保护膜，开始边撕膜边铺设，两人同时作业，整张膜一起撕下，利用卷材黏结层与保护膜之间的黏结力将卷材拉平，按此依次完成预先掀起的3/4卷材铺设。

卷材铺设拉平之后利用卷材的包装纸芯，从一端向另一端将卷材挤压推平，排出卷材下部的空气，确保卷材与下部结构面紧密黏结，如图14所示。

所有卷材铺设完成后，检查接头部位是否有漏浆情况，检查验收合格后立即浇

筑上部细石混凝土保护层，如图15所示。

（四）施工缝防水施工

1 施工缝止水带安装

主体结构施工缝处采用200mm宽镀锌钢板止水带，其中底板采用350mm宽不锈钢边橡胶止水带。

先埋入部分钢板止水带，在混凝土浇筑至止水带高程后撕去要埋入混凝土内一半的保护膜，另一半在后期基面清理干净、钢筋安装后、模板安装之前再撕去。

止水带水平接头、交叉接头搭接处

图11 顶板防水施工基面

图12 水泥浆涂刷后开始铺设卷材

图13 水泥浆涂刷

图14 排出卷材下部的空气

图15 防水保护层浇筑

除按照设计要求采用螺栓连接外,另外采用主体防水卷材专用的自粘胶条将接头缠裹加强。

底板上下层钢筋安装完成后沿施工缝方向间隔450mm挂通线安装竖向钢管外撑(兼作止水带固定架),钢管与上下层纵向钢筋之间采用十字扣件固定,扣件与钢筋之间夹方木楔,竖向钢管外撑焊接上下两个"[" 钢筋,采用φ16钢筋加工,在作为施工缝模板外撑的同时兼作止水固定卡,如图16所示。

为提高施工缝止水设施防水性能,除按照设计要求在止水带外侧敷设全断面注浆管在后期注浆外,另外在止水带外侧与全断面注浆管并列增加了一道2cm×2cm遇水膨胀止水条(图17、图18)。

2. 止水带、全断面注浆管、遇水膨胀注水条安装关系

止水带置中,注浆管与膨胀止水条放置在止水带外侧,注浆管在下,膨胀止水条在上,如图19所示。

混凝土浇筑完成后,对施工缝预埋的全断面注浆管采用纯水泥浆压注,加强施工缝防水效果。

注浆设备采用手压泵,注浆压力控制在0.6MPa。

(五)变形缝防水

变形缝外贴式止水带均采用橡胶类止水带,密封胶专指单(或双)组分聚氨酯密封胶,变形缝衬垫板可采用20倍发泡倍率的闭孔PE泡沫板。变形缝注浆管均指全断面注浆管,具体做法见施工缝防水图,如图20、图21所示。具体设置位置以施工方便、利于保证安装质量为准。

(六)诱导缝防水

底板和侧墙诱导缝预铺防水卷材加强层均指1.7mm厚高分子自粘胶膜防水卷材;顶板诱导缝防水卷材加强层均为1.5mm厚双面自粘型丁基橡胶防水密封胶粘带,宽度为1.0mm。

顶板诱导缝部位的防水卷材加强

层在变形缝两侧各20cm范围的防水层隔离膜不撕掉,避免与基层粘贴,外侧各30cm宽度范围必须与基层满粘,不得空鼓。卷材防水加强层上表面的隔离膜撕掉后,立即涂刷1mm厚防水涂料,然后立即粘贴增强层。

顶板诱导缝背水面设置滴水线,作用是把渗漏水汇集后滴入凹槽中,可采用滴水线(图22~图24)。

诱导缝中埋止水带均为橡胶类止水带。橡胶止水带均应采用热硫化对接,诱导缝、变形缝止水带与水平纵向施工缝止水带交叉部位的T字、十字接头必须采用工厂预制接头(图25)。

当车站主体结构诱导缝间距超过24cm时,应在两诱导缝之间设置一道横向施工缝。

离壁墙沿纵向跨过施工缝时,应在施工缝部位预留凹槽,然后用密封胶封严,避免排水沟内的水沿施工缝窜入侧墙和楼板内。凹槽也可以后切割而成

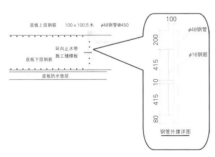

图16 止水带安装加固图

图17 安装成型后的侧墙水平施工缝止水带

图18 顶板施工缝注浆管及膨胀止水条安装

图19 全断面注浆管安装

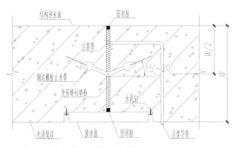

图20 结构顶板变形缝防水构造

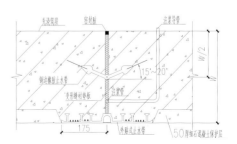

图21 底板变形缝防水构造

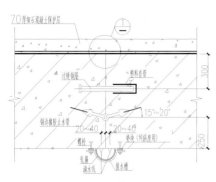

图22 顶板诱导缝及其排水槽防水构造

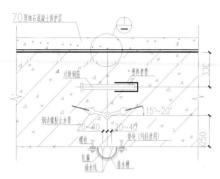

图23 底板诱导缝防水构造

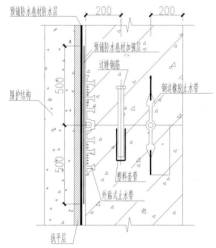

图24 侧墙诱导缝防水构造

（图26）。

（七）防水板施工质量检查及验收标准

1. 防水板焊缝搭接宽度和有效宽度规定

1）焊缝搭接宽度

（1）采用手动焊接时，大面焊缝搭接最少5cm，采用两次焊接。细部处理

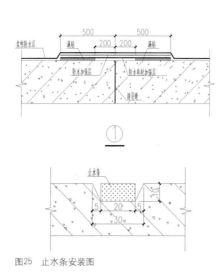

图25 止水条安装图

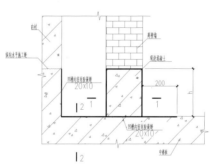

图26 离壁墙跨楼板施工缝防水构造

搭接只能采用手动焊接，搭接最小宽度为3cm。

（2）采用自动焊接机时，搭接最少12cm，双道焊缝，每道焊缝宽1.5cm。

2）焊缝有效宽度

根据所使用焊接方式以及焊嘴的不同，所形成的有效焊缝宽度也不同，一般1~3cm，不能小于1cm。

2. 防水板焊缝检测方法

1）撕裂破坏检测

（1）焊接前，对焊工和焊机操作员进行能力考核。将试焊的样品切成1cm左右的长条，然后进行撕裂测试，所有断裂应发生在有效焊缝以外，同时检查焊缝有效宽度。

（2）对已做完的防水板成品进行随机抽查检测，检查完毕后及时修补。

2）目测和机械检测

用于对所有焊接缝的检查。

（1）目测：沿焊缝外边缘观察是否有溶浆均匀溢出，否则需进行机械检测。

（2）机械检测：用平口螺丝刀沿焊缝外边缘（没有溶浆均匀溢出的部位）稍用力，检查是否有虚焊、漏焊部位。如果有漏点，做好标记并及时修补。

3）气压检测：用于双焊缝自动焊机焊接的双焊缝

将焊缝两端用铁夹夹紧密封，用检测针头插入焊缝一端两道焊缝之间的气槽，用手动气泵打压至0.25MPa（2.5Bar）为止，观察10～15min，若压力下降值小于10%为合格。否则，应查找漏点和及时修补。检查焊缝时应现场填写双焊缝检测报告。

（八）成品保护

防水板的成品保护对整个防水系统至关重要，因现场的作业条件恶劣，工序交叉复杂，也是防水最难控制的过程。因此，要求各方提高意识加强现场管理和有效的保护措施。

1. 在防水板施工中，严禁穿带钉的工作鞋在其上行走、搬运或推放物品。

2. 防水板施工完毕并验收合格后，应立即铺设土工布（400g/m²）保护层和钢丝网细石混凝土保护层，待细石混凝土的强度达到上人要求时方可在其上行走、搬运或堆放轻型物品。

3. 绑扎钢筋时，架立筋不能直接与防水板接触，使用木块或其他方法隔离。对有钢筋焊接的部位必须采取临时保护措施，如焊接时，在PVC防水板上放一块铁皮以防止防水板高温烧坏。

4. 在处理施工缝时，如凿毛和清理时，特别注意防止破坏防水板。

5. 在安装和拆除混凝土模板台车端

部的堵头模板时，要密切注意保护，此部位防水板最易破坏，而且不容易修补。

6. 在浇筑混凝土时，注意插入式振捣棒或其他工具不能碰坏防水板。

7. 浇筑混凝土时，对外贴式PVC止水带部位振捣要密实，保证止水带分区效果和防止渗漏时发生窜水现象。

8. 在顶拱混凝土浇筑完成后，混凝土强度达到回填灌浆要求时，要及时对顶部没浇满的部位进行回填灌浆以及注浆，将防水板与顶拱混凝土之间的空隙填满，以防因钢筋未被混凝土埋住，致使防水板在水压作用下，与钢筋接触而被损坏。同时保证顶部止水带分区效果，以防顶部窜水现象发生。

9. 每个班组设立一名专职检查员值班（尤其是在绑钢筋和浇混凝土时），发现漏点做好标记及时修补。

四、注意事项

车站防水施工重要性不言而喻，除按设计图纸严格施工外，工程中控制必不可少，本站在防水施工时主要做的工作有：

1. 围护结构施工时严格控制围护桩成桩效果，确保桩位精度，成孔效果、灌注质量，保证车站最外围一层防水质量。

2. 开挖过程中注重桩面喷锚的平整度，本站施工时采用小挖掘机进行刷坡，能有效地保证桩面开挖过程中平整。喷锚施工时，严格控制喷锚厚度及平整度，对凹陷较大处进行二次挂网补喷。

3. 基底清底时，严格控制设计标高，确保垫层浇筑厚度和平整度。由于基底处在中风化岩层中，需炮机破除，标高精准度控制有一定难度，本站施工时采用小炮机破除，阴阳角位置采用人工风镐破除，对集水坑及下翻梁位置立模施工，确保防水卷材铺设垫层的平整性。

4. 防水材料进场严格把关，及时送检，杜绝使用不合格产品。

5. 底板防水卷材铺设时，确保基底干燥，对积水处及时处理，铺设时把关好搭接宽度，相邻接头位置错开，粘贴牢固。侧墙防水卷材铺设前，检查基面平整度，对不平整处及时采用砂浆抹面，保证无空鼓，阴阳角位置按设计图纸加铺加强层，钢钉固定处再加铺加强层，过程中需注意的是，侧墙卷材铺设时单靠卷材本身黏结性不能满足粘贴牢固的要求，需用火烤，本站在施工过程中，技术员人员跟进逐一检查，对有开口处及时粘贴。顶板施工时，按设计图纸要求，不同季节采用不同防水材料。顶板防水施工需注意基层清理、积水和各类杂物灰尘，本站在施工时，对顶板清理工作格外注意，人工清扫干净后，用空压机对灰尘进行吹扫，再用水进行冲洗，待顶板无水渍后抢在晴好天气施工，施工完毕后及时浇筑保护层。

6. 特殊部位防水施工处理。

特殊部位包括施工缝（包括后浇带）和诱导缝、格构柱、抗拔桩及接地引出装置。本站施工时严格按照设计图纸上各个特殊部位要求进行施工，尤其注重施工缝位置，因为施工缝位置渗水可能性很大。除严格按设计图纸要求的各类防水材料做到位之外，施工缝位置需注意的主要有三点：一是凿毛到位，技术员要严格要求施工队伍，凿毛深度、范围必须到位；二是施工缝的清理，凿毛完成清渣后，再用空压机吹扫，用清水冲洗，在浇筑混凝土前在施工缝两侧涂刷水泥基渗透结晶型防水材料；三是各类止水带摆放平直，无弯折，接头位置按要求做好。

7. 严控混凝土浇筑质量，首先做好混凝土原料控制，实验室每周不定期去搅拌站进行抽查，并把关施工配合比；浇筑时浇筑时间、速度、过程现场技术人员都跟班盯控。本车站施工时正直夏季，气温高，且每仓方量都较大，为保证浇筑连续性，避免施工冷缝出现，一般浇筑时都尽量避免高温期间浇筑，把浇筑时间改到晚上，并及时催促搅拌站保证供料连续。主体结构施工前，项目部便召集施工队工人召开混凝土浇筑技术交底会，强调大体积混凝土浇筑要求和细节。浇筑时定人定责到每一个工人，针对有蜂窝麻面、漏振现象给予罚款，振捣时技术人员时时盯在现场，有效地保证浇筑质量。

8. 对车站出现的少量漏点及时进行堵漏注浆处理；技术人员经常对整个车站渗漏水情况进行梳理，尤其是下雨过后加大巡查频率，建立台账，选择适当的时间进行堵漏。一般选择冬季气温较低，混凝土收缩时进行堵漏，从现场效果来看，除极个别位置外，一般一次就能堵到位。

五、地下车站防水施工中存在的问题及优化措施

（一）地下车站防水施工中存在的问题

1. 由于对混凝土结构施工缝、变形缝的不当处理而导致的渗透水

根据工程规范，地铁车站应该设置由止水带或者橡胶而制成的变形缝，从而达到止水的目的。但是在实际的操作过程中，一组单独的橡胶止水带不能满足处理槽的要求，增加了防水密封的难度，并且橡胶止水的变形条件也较差。因此，在浇筑混凝土的橡胶密封件时，若安装不能达到间隙的标准，就不能正常发挥密封的作用，容易产生漏水问题。同时，橡胶止水带通常采用冷点工艺进

行连接，在结合强度低的情况下，加大导致变形开裂的机率。但是若不能够加强施工质量，采取多道防水措施，也不能确保工程质量和防止漏水问题的产生。

2.质量不合格的混凝土

导致混凝土出现质量问题的原因，主要包括养护时间不足、和易性差、不合格的配比等，从而导致抗渗性能差和混凝土强度下降。

3.过于强化混凝土抗渗等级和抗压强度，忽视其他防水措施

由于过于强调混凝土的抗渗等级和抗压强度，而忽视了其他的防水措施，特别是在处理混凝土裂缝方面的问题。同时，抗渗等级和抗压强度越高的混凝土的单位使用度会随之增加，还增强了水化热，以及混凝土的收缩量，对混凝土以及其结构的完整性产生一定破坏，从而导致出现裂缝。

4.选材质量不合格的防水卷材

选取质量合格的防水卷材在工程规范里有明确的规定，但是在实际操作中，部分单位选取材质质量不合格的防水卷材，造成其丧失了本来应该发挥的防水作用。

（二）地下车站防水施工的优化措施

1.做好围护结构施工质量控制

为了提高城市地铁车站防水性能，要不断完善优化围护结构施工的每一道工序。例如，在施工过程中，有的围护结构没有做好垂直度的控制，造成围护桩超过结构线要进行清除处理，并且围护结构挂网喷护高低不平；有的围护结构四周排水设施不完善，导致大范围渗水浸湿，不能及时地排除基坑积水，这些问题都会给防水施工带来严重的工程隐患，甚至会导致今后使用过程中结构出现渗漏。为此，工程施工前期相关单位应从全局出发，做好防水方案设计，

并把好每道工序的质量关，为后期的防水施工质量打下基础。

2.选择专业技能过关的防水施工队伍

施工单位应选择经验丰富、技术专业、信誉度好、遵守合同的施工队伍，来完成地铁车站防水的施工。

同时，监理单位在参与施工队伍的选择上也应严格参照相关规定，认真履行自己的职责：一是保证施工队伍的正规化，严防出现挂靠、分包以及转包的现象；二是加大审核的力度。对施工设计方案应严谨审查，设计方案内对施工技术、工期和施工队伍资质以及施工人员上岗证等方面做好明确要求。

3.进一步完善混凝土施工技术

进一步完善混凝土的施工技术，主要是指在混凝土分层浇筑时，要保证拌合物的均匀性，充满整个模型，避免离析问题的产生。拌合物自由下落的高度需要控制在2m以内，禁止外来水渗透到正在浇筑的混凝土中。严格按照规定的操作程序，严禁接触模板和钢筋，应采用插入式的振捣棒进行"快插慢捣"振捣。若在温度较高时施工，应采用有效的措施来降低原材料的温度。同时，模板架立牢固、严密，特别要注意挡头板，做好模板的把关，以免造成跑模问题。施工前期，施工单位需要采用等级强度相同的水泥砂浆润管，泵送入模时，左右对称连续浇筑。最后，完成顶板混凝土浇筑后，应马上覆盖并进行不少于14天的浇水养护，及时做好防水层和回填层的覆土工作。

4.提高结构混凝土自防水性

根据工程实际情况，充分利用高性能的外加剂补偿收缩防水混凝土，通过对各种拌合物、粗细骨料和外加剂的严格计量和控制，来确保混凝土的质量以及抗渗级别。同时，严格执行设计图的

相关标准，确保防水结构的厚度。结合完善的配合比，经过反复的试验，明确在不同施工环境和不同浇筑方法下的最优配比。为降低水化热，减少水泥的用量，以及减小收缩裂缝，应利用掺加高效减水剂的UEA以及粉煤灰的"双掺"技术。并且，要实施全程监控，监控的范围包括混凝土的计量、拌合、运输等环节，确保每罐混凝土现场测试合格后才能使用。需要注意的是，严格按照规定留足量试件，禁止在现场加水。

结语

地铁在城市交通业中发挥的作用越来越重要。因此，城市地铁车站工程的建设应引起足够的重视，尤其是城市地铁车站防水施工技术管理。关于城市地铁车站防水施工技术管理，要严把施工技术关，加大对工程施工质量的把控，尤其是对关键的节点部位要采取针对性强的方式方法，强化施工质量的保障措施，从技术角度切实提升城市地铁车站的防水能力，为城市地铁车站的安全性、稳定性做出应有的贡献。

参考文献

[1] 地下铁道工程施工质量验收标准：GB/T 50299—2018 [S].

[2] 地下防水工程质量验收规范：GB 50208—2011.

[3] 地下工程防水技术规范：TB 50108—2008.

[4] 混凝土结构工程施工质量验收规范：GB 20204—2015.

[5] 韩会山.地下工程基坑开挖施工过程管理 [J].经管空间，2012 (12).

[6] 马海贤.地铁深基坑开挖施工技术 [J].安徽建筑，2013 (6).

[7] 廖红建，党发宁.工程地质与土力学 [M].武汉：武汉大学出版社，2014.

[8] 蔡晓明.深基坑工程施工过程中的监测管理 [M]// 中国建设监理协会.中国建设监理与咨询16，2017：56—60.

北京地铁12号线成功下穿京张高铁监理技术总结

李海斌

北京赛瑞斯国际工程咨询有限公司

摘　要：北京地铁12号线06标，线路方向沿北三环主路进行敷设，暗挖隧道垂直下穿在建京张高铁盾构隧道，为北京地铁12号线技术难度最大、安全风险等级最高的重点控制性工程。在卵石透水地质条件下，地铁暗挖隧道与在建高铁隧道同时交叉作业，且在繁华闹市区如此极小间距下穿在建盾构高铁进行施工，在国内尚属首次。通过采取方案审核、组织方案评审，深入了解设计意图，增加巡视力度，及时发现安全、质量隐患并及时排除等监理措施，最终成功完成穿越。

关键词：地铁；下穿高铁；监理；技术总结

一、概述

（一）工程概况

北京地铁 12 号线西起西四环四季青桥南，东至管庄路西口，线路全长 29.6km，共设 20 座车站，其中 13 座为换乘车站。本标段为 12 号线 06 合同段，即大钟寺站、大钟寺站—蓟门桥站区间，车站与区间全长 1119.1m，全部为暗挖工程。

大钟寺站—蓟门桥站区间（以下简称"大蓟区间"）起点位于大钟寺站小里程，线路沿北三环西路路中敷设，终点位于蓟门桥站（不含）。长度 835.1m，线间距 15 ～ 17.2m，区间埋深 25.4 ～ 32.6m。标准段采用台阶法施工，人防段采用 CRD 法施工。区间左右线下穿在建京张铁路等高级别风险源。

（二）工程水文地质情况

大蓟区间线路纵向最大纵坡 5.645‰，主要穿越地层为卵石⑦层，覆土 25.4 ～ 32.6m。地质勘察存在两层地下水，层间潜水对区间正线无影响，整个区间隧道底均进入层间潜水，水位位于区间底板上约 4.3m，采取降水方式处理。

（三）与京张高铁位置关系及时间关系

大蓟区间垂直下穿在建京张铁路隧道，区间与京张隧道最小垂直距离约为 1.6m。在建京张隧道采用单洞双线的大断面盾构法施工，隧道直径 12.2m，管片厚 550mm。盾构机主机长 14.5m，开挖直径 12.64m。12 号线区间采用矿山法施工，区间开挖直径约 6.8m。

（四）设计技术指标

在穿越京张隧道前设置 C 形断面大管棚工作室，长度 12.85m，断面高度 9.470m，宽度 6.980m，初支厚度 300mm。管棚工作室施工完成后继而施工 DN180 大管棚，壁厚 12mm，长度 32.2m，拱顶 100° 打设，外插角 0 ～ 1°，环向间距 0.40m。管棚注浆采用水泥浆，注浆压力 0.2 ～ 0.8MPa，保证管体填充率达到 97% 以上。穿越京张隧道采用 A1 断面进行初期支护，结构高 6.82m，宽 6.68m，初支厚度 350mm。纵向连接筋由间距 1m 加密至 0.5m。对侧壁隧道轮廓线外 2.5m，以及掌子面全断面范围内进行洞内深孔注浆，注浆里程同管棚里程，注浆采用水泥—水玻璃双液浆，注浆压力 0.2 ～ 0.8MPa。

二、重点难点分析

由中铁上海工程局集团有限公司承

建的北京地铁 12 号线 06 标，线路方向沿北三环主路进行敷设，暗挖隧道垂直下穿在建京张高铁盾构隧道，为北京地铁 12 号线技术难度最大、安全风险等级最高的重点控制性工程。在卵石透水地质条件下，地铁暗挖隧道与在建高铁隧道同时交叉作业，且在繁华闹市区如此极小间距下穿在建盾构高铁进行施工，在国内尚属首次。

（一）工期的制约

京张隧道盾构机 2018 年 8 月 22 日已穿越北三环，2019 年 3—4 月铺轨华北三环，2019 年 6 月联调联试，2019 年底通车。

2018 年 7 月 26 日到 2018 年 12 月 28 日期间，共召开 4 次关于"北京地铁 12 号线大蓟区间下穿在建京张铁路隧道设计方案专家评审会"；2019 年 1 月 3 日，大蓟区间主体暗挖结构安全专项施工方案通过专家论证；2019 年 1 月 16 日，完成下穿在建京张铁路隧道施工前条件验收工作；2019 年 1 月 16 日—2019 年 3 月 5 日，完成北京地铁 12 号线大蓟区间下穿在建京张铁路隧道初支施工。

接京张业主通知，京张隧道预计于 2019 年 3 月进行铺轨，要求 12 号线大蓟区间需在 3 月初完成初支下穿施工。项目部克服下穿间距小、沉降控制要求高、工期要求短以及工人春节放假等重重困难，超前筹划工期，年前施工至腊月 27 日，年后初五开工，合理组织施工，选择熟练工种，确保每天进尺 2m 的基础上力争 2.5m，投入大量人力、物力，确保资源的供给满足施工需求，最终如期安全完成下穿施工。

（二）沉降控制指标高

评估单位给定京张隧道沉降控制值为铺轨前为 30mm，铺轨开始至试运行前为 5mm，试运行开始后为 2mm。

截至目前，区间左右线均已成功下穿京张盾构隧道，地表沉降监测点累计沉降最大值为 1.81mm，沉降累计值及沉降变形速率可控。

1. 超前加固施工本身的沉降

本工程采取的超前加固的方案为超前大管棚施工加全断面深孔注浆加固底层，局部可采用超前小导管辅助超前支护。管棚施工过程中自身会产生一定数量的地质沉降。

2. 开挖施工过程中的沉降

开挖过程是围岩卸荷的过程，本着强支护、快封闭的原则进行施工。但还会产生不可避免的沉降。临时仰拱增加支护的强度，在后期二衬施工过程中，拆撑也会产生一定量的沉降，根据时间推算二衬施工时间沉降的控制指标已是 2mm，此类控制指标在工程历史上也是罕见的。

（三）地质变化的不确定性及超前加固措施效果的不确定性

根据地质资料显示上部地层以第四纪沉积黏土、粉土底层为主，下部底层为黏性土、砂土与卵石层，卵石厚度较大，本次勘察范围内未发现基岩。区间隧道设计部位位于卵石层，卵石层上部为厚度不均匀、位置不固定的粉细砂层，黏结力为零。

注浆采用后退式深孔注浆，注浆压力为 0.8~1MPa，浆液在黏性土里扩散效果不佳，往往形成脉状夹层，在非黏性土里扩散效果有所加强，不同形式、深度、级配的粗粒土孔隙率是不同的，不同种类土的传播扩散是不同的。往往出现局部固结，在粗粒土里形成块状岩体，不能达到整体加固的效果。

（四）京张盾构隧道对地层影响的不确定性

本施工区域内的在建京张隧道适用大直径盾构机施工，其中上部为粉质黏土，下部为粉细砂。大直径的盾构机类似于巨形的管棚施工，刀盘切割土体直径要大于结构直径，对于该部分的差值，主要靠注浆进行补偿。巨大的刀盘切割对于粉细砂层的影响远大于黏土层的影响，粉细砂的稳定性取决于紧密状态。然而本段施工过程中与京张最近距离约为 1.0m。虽然京张隧道采用了径向注浆措施加固围岩，如前所述，注浆的效果是不确定的。

三、施工方案及施工组织

区间正线下穿京张隧道采用管棚注浆进行超前支护，在京张隧道前、后 10m 范围内做管棚加固。拱顶 100° 范围采用大管棚 + 超前小导管加固，环向间距 450mm，京张前后各 10m，管棚总长 32.2m。为减少管棚施工过程中自身沉降，管棚采用自进式管棚。

穿越风险源采用深孔注浆加固拱部地层，加固范围下穿京张段全断面及开挖轮廓线外 2.5m，下穿京包铁路桥开挖轮廓线外 2m 及轮廓线内 0.5m，注浆管采用后退式（WSS）注浆施工，分节钻孔，钻杆直径 42mm，每节长度为 2.0m，两节之间采用双孔专用接头和专用钻头钻孔。每段注浆长度 10～12m，如出现注浆效果不满足开挖施工的要求则封闭掌子面重新进行注浆。前后两序注浆段落搭接长度为 2m。

区间正线下穿京张铁路开挖采用台阶法 + 临时仰拱法施工。台阶法 + 临时仰拱将隧道分为两部分开挖，在超前小导管预注浆加固地层施工完毕后，先开挖上台阶，开挖进尺为一榀格栅间距，及时进行初期支护加临时仰拱，上台阶开挖至10～15m后进行下台阶的初期支护开挖。上下台阶错开长度保持在10～15m，开挖后及时进行封闭。

开挖施工中必须严格遵循"管超前，严注浆，短开挖，强支护，早封闭，勤量测"的原则。各洞室按设计要求错开相应距离。

初期支护完成后及时进行背后注浆，浆液采用水泥浆，注浆宜紧跟开挖工作面并距开挖工作面5m进行。

初期支护背后注浆孔沿拱顶和边墙布设。环向间距：起拱线以上2m，环向间距为2m，纵向间距2m，梅花形布置，且拱顶位置必须有1根注浆管。注浆深度为初期支护背后0.5m。注浆管在钢筋格栅安装时预先埋设，并与格栅钢架主筋焊接牢固。注浆压力0.3～0.5MPa，注浆管安装完成后应及时采用木塞进行封堵，防止喷射混凝土时造成注浆管堵塞。

四、监理措施

（一）参加京张各方的方案评审会议，深入了解设计意图

轨道公司组织京张城际铁路有限公司、设计（包括京张设计院）、评估、施工、监理等单位对下穿京张的方案先后进行了4次评审与评估。监理单位全程跟踪，深入了解了各方的意图，综合分析各方提出的方案与理念，明确了各方控制重点。由于京张是高铁隧道，所以京张方面控制重点为沉降指标，高速运行的列车不允许超过2mm的起伏。12号线方面的重点是如何安全穿越。会议上针对不同方案也进行了辩论。通过参加方案评审也确定了监理工作的控制重点，从而为下一步施工期间的监理工作打下了坚实的基础。

（二）对施工方案的审核

通过参加会议的经验，结合设计图纸和监理工作经验，对施工方案进行审核，对于施工方案上缺失的内容，以及描述不清晰不能指导施工的内容进行指正。最终形成全面的施工方案，为施工提供依据，为监理工作提供技术支持，更有利于现场的管控和协调。

（三）专人盯控施工过程的地质变化

地质条件、围岩的变化，直接影响着开挖施工的安全，也直接关系到控制指标是否能够完成。因为不同地质条件的变化并非是规则的，粉细砂的变化趋势尤其重要。随着施工进展密切关注粉细砂的位置变化，尤其是位于起拱线以上位置，要多次进行补浆。当注浆效果不好时，要求施工单位补充打设超前小导管注浆。如出现塌方，立即封闭掌子面，及时进行超前及背后注浆，补充初支背后空洞及初支喷射混凝土的收缩。此项工作虽然难度不高，但是需要责任心强、细致的专人去完成。这样才能系统地对地质环境进行控制，增强监理对地质变化的判断能力。

（四）密切关注测量数据变化指导施工

测量工作尤其重要，由于本段工程控制指标极其苛刻，参加测量监控的单位较多，因各方测量部门是由不同的业主委托，双方的测量成果不能统筹管理，通过业主和施工方的协调，将数据进行共享。每日隧道监测的数据发给施工单位项目技术负责人，这时需要监理单位每日进行收集数据，对地表、洞内、轨道多方面数据进行分析，并指导现场的监理工作。

（五）及时了解施工动态，及时组织会议

施工过程中，对施工单位施工组织能力、水平进行分析。各个不同的施工单位、劳务队伍，施工班组甚至是操作工人的能力水平各有不同。善于组织施工的施工单位组织协调能力与事前控制工作会做得较好，这也取决于领导班子的管理水平与个人能力。施工过程中往往会出现不同程度的施工组织问题，导致不必要的施工间歇。对于工期紧张、技术控制指标要求高的项目更要有条不紊地组织施工。如施工过程中不必要的间歇，对沉降控制是极为不利的，更影响着工期控制。所以要深入了解施工单位施工组织能力水平，针对能力弱的方面进行提示和帮助。工程项目不是一个单位完成的工作，涉及各个层级的管理单位和不同层级的施工作业单位。施工过程中不可避免地会出现沟通协调问题，如组织、工艺间歇。针对此类问题监理单位要及时组织各方召开协调会议，为施工的顺利进行做好监理的本职工作。

（六）施工过程中的安全、质量隐患排查

安全、质量隐患贯穿于施工始终，每个安全、质量事故的发生不是单方面原因导致的，经验是在时间中不断积累和总结，再将经验运用到实践中。因此要做到施工过程中增加巡视力度，及时发现安全、质量隐患，并及时排除。这样才能保证控制指标与工程进度的目标顺利实现。

（七）重视旁站监理工作

旁站作为监理工作的重要方法之一，发挥着不可替代的作用。旁站不仅

仅是监督过程，更多的是了解过程、学习过程，再运用自己的知识做好相应的控制工作。旁站能第一时间反映出现场出现的问题，并判断是否满足设计意图，对现场的管理起着重要的作用。

五、监理控制要点

（一）管棚施工

1. 管棚安装前应将工作面封闭严密、牢固、清理干净，并测绘出钻设位置后方可施工。

2. 管棚注浆结束后应检查其效果，不合格者应补浆。

3. 管棚所用的钢管的品种、级别、规格和数量必须符合设计要求。

4. 管棚的搭接长度应符合设计要求。

（二）超前加固注浆施工

1. 超前小导管所用的钢管原材料必须进行进场检验并符合规定后方可使用。

2. 超前小导管所用的钢管的品种、级别、规格和数量必须符合设计要求。

3. 注浆孔的数量、布置、间距、孔深应符合设计要求。

4. 超前小导管注浆固结体达到一定强度后方可开挖。

（三）开挖过程施工

1. 格栅的加工与安装

1）初期支护所采用的格栅钢架的钢材品种、级别、规格和数量必须符合设计要求。

2）格栅钢架钢筋的弯制、连接和末端的弯钩及型钢钢架的弯制应符合设计要求。

3）钢架安装的位置、接头连接质量、纵向连接筋应符合设计要求，钢架安装不得侵入二次衬砌断面，施工人员脚底不得有虚渣。

2. 开挖进尺控制

土方开挖分上下两个台阶进行，土方开挖进尺为 0.5m，施工时进行严格的监量量测。严格按照设计要求进尺开挖，超挖不得超过 150mm，严禁欠挖。小规模塌方及严重超挖处理时，必须采用耐腐蚀性材料回填，并做好回填注浆。

3. 喷射混凝土质量控制

1）喷射混凝土前，应检查开挖断面尺寸，清除开挖面、拱脚或墙角处的土块等杂物，并控制喷层厚度。

2）混凝土必须满足设计强度要求。水泥使用前做强度复查试验，细骨料采用硬质、洁净的中砂或粗砂，粗骨料采用坚硬而耐久的碎石或卵石，级配良好。

3）严格控制混凝土施工配合比，配合比经试验确定，混凝土各项指标都必须满足设计及规范要求，混凝土拌合采用自动计量上料，保证精度符合规范要求。

4）严格控制混凝土原材料的质量，原材料的各项指标都必须满足规范要求。

4. 二衬施工

2019 年末正式进行二衬施工，施工重点在于拆除临时仰拱时的沉降控制。因京张高铁运营的时间节点在 2020 年元旦以后，由台车进行二衬施工已经不可能完成。施工单位采取钢模板加盘口脚手架的施工方案。

5. 施工前控制

1）及时提醒施工单位做好联系测量和断面测量工作，此工作为京张段二衬是否能够施工的决定性因素。

2）因此处模架施工属于危险性较大分项工程，提示施工单位做好专家论证的准备工作。

3）模板与盘口架体的进场准备工作。

6. 施工中控制

1）认真审核施工单位的专项施工方案，并严格按照已审批的专项施工方案实施。

2）破除临时仰拱过程中要求施工单位报送每天的监测数据，直至完全拆除，进行对比分析，并指导施工。

3）认真进行现场旁站，保证混凝土浇筑的质量，重点控制拱顶处的混凝土浇筑质量。

7. 施工后控制

1）二衬施工完成后及时进行二衬背后注浆，因二衬未全部施工完成，注浆压力不宜过大，少量多次的原则填补初支与二衬的空隙。

2）浇筑完成待混凝土满足龄期要求后，对二衬结构进行回弹检测，按照均匀且有代表性的原则，确保完成的二衬结构均符合设计要求。

六、经验

（一）初支背后注浆的重要性

及时的初支背后注浆使喷射混凝土自身的收缩空隙，开挖过程中土体扰动松弛得到及时的补充。当初支混凝土具有一定抗压能力的时候按照设计要求进行注浆，并控制好注浆压力，多次补浆。通过本段施工过程中的控制，沉降指标得到了有效的控制。

（二）暗挖"十八字"方针的重要性

暗挖工程"十八字"方针，是多年以来总结出来的经验，也在实践中得到了证实，是保证开挖施工安全的强有力措施。

（三）控制好超欠挖，尽量减少对原状土的扰动

地质形成是一个长期的过程，施工中对土体的扰动必须及时进行恢复，超

挖的部分一定密实回填，小面积的松弛在地质环境中容易产生蝴蝶效应，扩大影响，甚至出现问题。欠挖的部分会导致原本的混凝土截面积减小，抗压能力随着截面积的减小而大幅度减小。对初支的稳定性和适用期限也有较大影响。所以控制好超欠挖是结构安全的控制重点。

（四）地层变化的实时掌握

地下工程的风险大，主要因素有水、不稳定的围岩和结构面。对此类地质情况采取有针对性的处理措施，能最大限度地减少暗挖风险。

（五）监测数据的对比分析

检测数据指导现场施工，通过数据的对比分析，制定和采取相应的处理措施，为开挖施工提供量化指标的支撑。

（六）了解施工动态，对施工自身不利条件进行预控

及时掌握施工单位动态，积极协调各方解决现场出现的问题，为顺利有序施工提供扎实的基础。

（七）密切关注二衬施工时拆除临时仰拱的监测数据

拆除过程中并未对初支结构带来多大的影响。原因是此段的初支结构间距进行了加密，由50cm加密至40cm，初支喷射混凝土的厚度增加至350cm，连接筋也加密至50cm并呈梅花状布置。如此强度和刚度的初支结构对二衬后期拆撑施工的沉降控制起着决定性作用。

（八）京张隧道沉降控制值，铺轨前为30mm，铺轨开始至试运行前为5mm，试运行开始后为2mm。控制值的60%作为预警值，80%作为报警值。区间下穿施工过程中，京张隧道自动化沉降监测最大累计沉降点为YCJ-04（控制值为5mm），最大累计沉降为-2.47mm，未发生预警。

区间下穿京张隧道拱顶沉降控制值为20mm，洞内收敛控制值为10mm；拱顶沉降累计最大点为JZ-ZXGD-3，最大累计沉降值为-1.3mm；隧道收敛累计最大点为右线JZ-YXSL-3，最大累计收敛-4.47mm。

七、教训

（一）问题

对京张盾构隧道横向扰动与管棚施工的纵向扰动估计不足；对注浆施工末端效果估计不足，在隧道还差4m通过正下方时间发生4个沉降速率超限的橙色预警。

（二）措施

立即下达监理指令，封闭掌子面，暂停施工；组织召开预警相应会；重新注浆加固措施，加强监测评率，观测24h，沉降速率稳定后继续开挖施工。循环上述工作内容，最终成功完成穿越。

大体积混凝土施工质量控制

谢春鹏

北京赛瑞斯国际工程咨询有限公司

沈阳华府新天地二期 D 组团是由华锐世纪投资兴建的超高层项目，位于沈阳北站 CBD 商业区内，华府天地一期东侧，紧邻惠工广场和地铁 2 号线金融中心站。项目周边交通道路网十分发达，东侧为南北快速路、西侧为青年大街、南侧为东西快速干路、北侧为沈阳北站。建成后可辐射沈阳北站、惠工广场和市府广场等金融商务区，届时又成为一个沈阳市地标性建筑。

总建筑面积 34.9 万 m^2，其中地下室面积 7.2 万 m^2，底板面积约 1.8 万 m^2，基坑深度 19~24m，底板混凝土强度 C35（膨胀带强度等级 C40），抗渗等级为 P10，厚度非塔楼区域 0.9m+ 柱墩下卧厚度，塔楼底板厚度为 4.0m 和 4.2m，最厚部位 10.01m。其中一次性浇筑混凝土方量最大为 D2-1 塔楼所在底板（面积 6000m²），混凝土方量为 18000m³。

大体积混凝土施工质量控制是工程施工质量控制的重点和难点，项目部从人、机、料、法、环各方面进行了全方位统筹安排，较好地完成了 D2 塔楼混凝土浇筑。

一、人员安排

D2-1 段混凝土浇筑时长预计 120h。

施工总包单位中建八局项目部、劳务分包单位和商品混凝土供应单位管理人员按 120h 进行准备，D2-1 段大体积混凝土浇筑计划编排三个小组进行值班，最后一天收面除前日值班人员外，其他人员全部到场。

建设单位、监理单位安排白班和夜班 120h 连续质量控制。

劳动力准备，D2-1 段混凝土浇筑分昼夜两班，其中前两天每班 5 组，每组 8 人，每班共计 40 人，最后两天收面每班 5 组，每组 16 人，每班共计 80 人。

二、机械设备

为了顺利快速完成本次大体积混凝土浇筑，避免出现冷缝，现场共采用两套大型溜管设备，溜管选用 Q345、直径为 325mm、壁厚为 6mm 的圆管，溜管间采用法兰盘连接，溜管采用脚手架固定，转弯处弯头加厚，弯头上下采用法兰连接。两台汽车泵和两台地泵配合施工。

本次 D2-1 筏板混凝土浇筑施工采用大型溜管施工工艺（直径 325mm），在东北地区也很少使用，大型罐车 18m³ 混凝土在 3min 之内即能浇筑完毕，共计 18000m³ 混凝土浇筑任务，其中溜管完成 10000m³，不但大大加快了施工进度，而且有效地解决了大体积混凝土浇筑容易出现冷缝的难题，为保证混凝土施工质量打下了坚实基础。

沈阳亿顺通混凝土有限公司作为 D2-1 段底板混凝土供应商，拥有两个站 4 条生产线，罐车、泵车合计 100 余台。两站距离本项目 21km。

三、材料准备

（一）优化混凝土配合比

优化混凝土配合比，选用优质的混凝土外加剂，搅拌站根据工程实际需求进行试配，适量减少水泥用量，提高粉煤灰、矿粉含量，掺加合适的减水剂、外加剂，降低水化热，确定最优混凝土配合比。水泥，采用普通硅酸盐 42.5 级水泥，为了降低水泥温度，商品混凝土站为大体积混凝土预留一个水泥筒仓储料，以降低水泥温度。混凝土搅拌用水，商品混凝土站采用地下深井井水，温度 12℃，可以降低混凝土的温度。骨料，粗骨料选用 5 ~ 25mm 连续级配石子，含泥量小于 1%，针状、片状颗粒含量小于 15%；细骨料用中粗砂，含泥量小于 1%，配制混凝土，降低水化热，减少混凝土收缩。外加剂，在混凝土级配中采用双掺技术，即在混凝土内掺加一定量的粉煤、矿粉、膨胀纤维抗裂防水剂，进一步改善混凝土的坍落度和黏塑性，在满足可泵要求条件下，尽量减少水泥用量，降低水化热。

现场备用减水剂，当混凝土坍落度不满足要求时，经监理工程师同意可由商混站专业人员进行调配，现场严禁混凝土加水。

（二）由于混凝土浇筑在酷暑季节环境温度很高，混凝土浇筑面积大，要求在混凝土中添加缓凝剂，延迟混凝土凝结时间避免因为混凝土供应不及时产生冷缝。

（三）准备充足的保温养护材料

小于 4m 筏板准备一道塑料膜和一道棉被，4m 及以上筏板准备一道塑料膜和两道棉被，混凝土浇筑完毕后，铺塑料薄膜，混凝土终凝后，需要覆盖棉被保温进行养护。

四、施工方法

（一）严格审批施工方案

认真落实现场施工交底内容：混凝土的浇筑量，浇筑时间，浇筑流水线，浇筑振捣的技术要求、质量要求，各岗位人员的职责，各岗位人员的注意事项。

（二）在施工前要求各参建单位对本次混凝土浇筑各环节进行推演，便于协调解决混凝土浇筑过程中出现的各种问题，保证混凝土施工质量。

（三）施工顺序

1. 先深后浅，从西向东，南北两条线同时施工。

2. 注意事项

1）混凝土按图纸区域 A→D 进行施工。

2）混凝土浇筑依据"一个坡度，分层浇筑，循序渐进，一次到顶"的原则，以 500mm 为分层高度，进行浇筑。

3）浇筑时应在下层混凝土初凝前及时覆盖下层混凝土。

4）电梯井两侧混凝土应对称浇筑，对称振捣，防止模板因单侧压力过大而发生单侧位移或上浮。

（四）混凝土浇筑

混凝土浇灌采用的浇筑坡度为 1∶6，分层浇筑，分层振捣，由于筏板面积较大，为防止混凝土冷缝的产生，混凝土中可掺加缓凝剂，混凝土初凝时间不小于 10h，终凝时间不大于 24h。

电梯井两侧混凝土应对称浇筑，对称振捣，防止模板因单侧压力过大而发生单侧位移或上浮。电梯井、集水坑模板板面留设排气孔，排气孔为 30mm×30mm，间距 1.5m 设置一个。

电梯井、集水坑等箱体上部吊放盘圆钢筋或者模板配重，增加重量，防止上浮。整体浇筑顺序：先深后浅，从西向东。

泵位开启顺序：

1）开启 1 号、2 号溜管浇筑深基坑部位标高 −29.25m。

2）开启汽车泵浇筑标高 −27.75m、−25.25m、−24.55m。

同时 5 号、6 号汽车泵兼顾浇筑膨胀加强带混凝土。开启地泵浇筑标高 −20.05m。

（五）混凝土的振捣

混凝土振捣采用振动棒振捣，要做到"快插慢拔"，上下抽动，均匀振捣，插点要均匀排列，插点间距 300~400mm，插入下层尚未初凝的混凝土中 50~100mm，振捣时应依次进行，不要跳跃式振捣，以防发生漏振。

每一振点的振捣延续时间 30s，使混凝土表面水分不再显著下沉，不出现气泡，表面泛出灰浆为止。

集水坑、电梯井处混凝土浇筑量大，且集水坑标高较低，为避免出现跑模、涨模等情况，混凝土下料时严禁混凝土冲击模板，振捣时振动棒应离模板边不小于 50mm，每点振捣时间不超过 20s。

浇筑底板混凝土时不得用振捣棒铺摊混凝土，侧面距防水层 150mm 内振捣棒不得靠近，以防破坏防水层。

（六）混凝土养护

混凝土浇筑完毕后，铺塑料薄膜，混凝土终凝后，需要覆盖棉被保温进行蓄水养护，安排专人负责 24h 保温养护工作，并应按规定操作，同时应做好测温记录工作。

保湿养护的持续时间不得少于 14 天，经常检查塑料薄膜的完整情况，保持混凝土表面湿润。

保温覆盖层的拆除应逐步进行，当混凝土的表面温度与环境最大温差小于 25℃时，可全部拆除。

在混凝土浇筑完毕初凝前，宜立即进行洒水养护工作。

混凝土养护主要是保温、保湿养护，保温养护能减少混凝土表面的热扩散，减少混凝土表面的温差，防止产生表面裂缝，保温养护还能控制混凝土内外温差过高，防止产生贯穿裂缝。

（七）混凝土测温

采用电子测温仪进行测温，监测点的布置范围以平面图对称轴线的半条轴线为测试区，在测试区内，监测点的数量及位置根据混凝土板厚均匀布置，对电梯井周边厚板着重测温，每个测温点埋置 5 个不同高度测温导线。

混凝土浇筑完成 3h 后开始每两小时测一次，第三天后每 4h 测一次，第五天后每 8h 测一次。一般 10 ~ 14 天后可停止测温，或温度梯度小于 25℃时，可停止测温。

每测温一次，记录、计算每个测温点的升降值及温差值。

当混凝土中心与底面或表面温度差超过 22℃时，必须向现场施工管理人员报警。当超过 25℃时，混凝土表面增加覆盖物层数。

测温人员应坚守岗位，认真操作，加强责任心，并仔细做好记录。监理单位对混凝土测温、控温的环节进行严格把控。

五、施工环境

（一）周边环境复杂

项目北侧为团结路，东侧为惠工街，日间车流量较大，且东侧惠工街道路狭窄，极为拥堵，行车不便，西侧及南侧为华府地下停车场内部道路。

本项目位于沈阳北站 CBD 商业区内，华府天地一期东侧，紧邻惠工广场和地铁 2 号线金融中心站，该地段日间交通限行极为严格。

（二）场内情况

D2-1 段底板面积达 5700m^2，长约 105m，宽约 77m。

基坑距离围挡最近 5.5m，基坑四周无环场路，且四周冠梁高于现场道路 600mm，同时集水管布置在冠梁上，若采用溜槽，溜槽坡度较陡，无法保证混凝土质量。

若采用地泵配合天泵施工底板，可在基坑上方布置 3 台地泵，基坑内布置 2 台汽车泵，共计 5 个泵点，但根据计算，D2-1 段底板每小时最少浇筑 259m^2 混凝土方可不至出现冷缝，3 台地泵 +2 台汽车泵无法满足要求，且地泵浇筑速度过慢，无法满足施工进度要求。

因此 D2-1 段共设置 6 个浇筑点，其中布置 2 根溜管、2 台地泵及 2 台汽车泵（1 台 62m、1 台 56m）进行浇筑；1

号、2 号溜管布置在基坑的东侧，分别位于 2 号大门的南北两侧；2 台地泵分别布置在基坑南侧、东侧，其中 3 号大门处 1 台，2 号大门外 1 台；基坑内布置 1 台 62m 汽车泵和 1 台 56m 汽车泵。

沈阳华府新天地 D2-1 区域筏板，在参建各单位的通力配合下，自 7 月 31 日晚 19 时 36 分第一车混凝土开始至 8 月 5 日 14 时 38 分连续 5 天 5 夜顺利浇筑完毕，共浇筑混凝土 18000m^3，目前混凝土养护已达到 14 天，符合《混凝土结构工程施工规范》GB 50666—2011、《大体积混凝土施工标准》GB 50496—2018 和设计图纸的相关要求，混凝土强度增长正常，表面温度已接近环境温度，表面无裂缝，观感质量好，混凝土施工质量符合设计要求。

参考文献

[1] 大体积混凝土施工标准：GB 50496—2018 [S]. 北京：中国计划出版社，2018.

[2] 混凝土结构工程施工规范：GB 50666—2011 [S]. 北京：中国建筑工业出版社，2012.

[3] 华府新天地大体积混凝土施工方案.

论如何做好装配式混凝土建筑结构施工安全管理工作

高峰

北京银建建设工程管理有限公司

一、装配式建筑安全管理总则

（一）依照"安全第一，预防为主"的方针，以及建筑施工现场安全文明施工管理的规定，结合装配式建筑项目特点和具体情况，制定可实施的施工组织设计、施工方案及管理细则，是避免风险的有效方法。对人、机、料、法、环等因素进行系统管理，落实安全措施，排查安全隐患；强化安全教育，提高职工安全技术素质；关心职工生活，注意劳逸结合，在保证职工健康和安全的前提下组织和领导施工。

（二）装配式建筑的关键工序应按照危险性较大的分部分项工程进行管理。

依据《危险性较大的分部分项工程安全管理规定》（住房城乡建设部令第37号）和《关于实施＜危险性较大的分部分项工程安全管理规定＞有关问题的通知》（建办质〔2018〕31号）中关于危险性较大的分部分项工程的规定（以下简称"危大工程"）："装配式建筑混凝土预制构件安装工程"属于危大工程，应按照危大工程的要求进行严格管理。

又据《北京市房屋建筑和市政基础设施工程危险性较大的分部分项工程安全管理实施细则》（京建法〔2019〕11号），"装配式建筑构件吊装工程、装配式建筑混凝土预制构件安装工程"属于危大工程，应按照危大工程的要求进行严格管理。

1. 编制完善的专项施工方案

施工单位项目经理部应编制专项施工方案，项目经理签字后，履行内部审核流程，报公司的技术负责人审核，通过后报项目监理单位的总监理工程师审查，通过后，方可实施。

检查中发现，施工单位编制的专项方案有时存在内容泛泛，针对性和可操作性不强，关键工序的安全措施描述不到位等情况，甚至专项方案内容与施工现场实际情况不符。因此，施工单位编制的专项方案应重点把施工工艺要求、安全保证措施、管理人员与作业人员的安排、应急处理措施等内容表述清楚明确，以保证确实能够指导施工。

2. 严格落实专项施工方案

1）在专项施工方案正式实施前，应进行两级交底，交底的内容和侧重点均有不同：项目技术负责人（方案编制人员）向现场管理人员进行方案的交底，现场管理人员向作业人员进行安全技术的交底。

2）专项方案正式实施后，施工单位应当严格按照方案组织施工，任何人不得擅自修改方案，当方案确需修改时，应重新履行审批程序。

3）危大工程施工时，项目经理应在施工现场履职。

4）施工单位项目经理部专职安全员应当对专项施工方案实施情况进行现场监督，对未按照专项施工方案施工的，应当要求立即停工整改，并及时向项目经理报告，项目经理组织限期整改完毕。

二、构件装、卸过程的安全管理

装配式建筑结构构件在装车、运输、卸车过程中存在安全管理风险，由于装车、出厂和道路运输主要是构件厂的工作，进入施工现场后，场内运输、卸车的安全管理工作就由施工单位负责。由于装配式建筑结构构件的体型一般较大，采取拖车进行运输，拖车车身较长，转弯半径较大，因此，总平面布置要充分考虑行车、驳运线路，卸料场地，并进行合理安排。

（一）构件装、卸的安全准备工作

1. 检查运输、起重设备是否符合要求。

2. 检查起重机械司机、信号工、司索工是否持有住房和城乡建设系统核发的有效期内的特种作业操作资格证书。

3. 现场道路是否坚实、通畅，有无障碍物。

4. 作业人员是否均经过安全培训和安全交底。

（二）构件装、卸过程中的安全管理要求

1. 构件装车过程中的安全管理要求

1）构件装车时，无论采用平放、侧放、竖放哪种方式，相邻构件间应接触紧密，防止由于行车颠簸导致倾斜倒塌。多层叠放时，每层垫木应在同一垂直线上，最大允许偏差不得超过垫木截面宽度的一半。构件支承点按结构要求以不起反作用为准。构件悬臂（即由垫木起至构件端部的一段），一般不应大于50cm。

2）构件长度超出车厢长度50cm以上者必须使用超长架，小型零星构件不应乱堆，应叠垛整齐，周围垫稳。

3）多层叠放时不得压坏最下一层构件，对楼板、楼梯等较薄构件应特别注意，巨大或异形构件应采用特制工具载运。

4）运载的构件不应高出车厢围栏，而且应用绳索绑牢，严禁将构件一端搁置在驾驶室的顶面。

2. 构件卸车过程中的安全管理要求

1）吊卸构件，应分清底面和顶面，按规定的吊点起吊，两个或两个以上物件的面如互相不能平贴接触者，不应捆成一束起吊。

2）卸下的构件应轻轻放落，垫平垫稳，方可摘钩。

3）撬拨构件时，应选用坚固物体进行支垫，作业时应注意撬棍不得打滑，以免伤人。

4）几个工人共同搬运构件时，应在一个人统一指挥下进行，所有动作必须一致，并呼号子，稳步前进，同起同落，不得任意撒手。

三、构件存放的安全管理

（一）由于施工现场中需存放一定数量的预制构件，因此必须对构件进行良好的存放管理。施工单位做施工组织设计时，应重点审核总平面布置图中构件存放区的位置是否合理，是否便于卸车

及后续的吊装。

（二）构件存放的具体安全要求

1. 构件在安装前，应分类存放于施工现场专门设置的存放区内。

2. 存放区位置的选择原则：应尽量使起重设备对构件能一次起吊就位，以避免构件在现场的二次倒运，增加安全风险。

3. 构件存放区应设立明显标识和警示标识，无关人员一律不得进入构件存放区。

4. 构件存放区的地面应坚实平垫、排水通畅。

5. 预制构件应放置于专用存放架上；竖向放置预制墙板、楼梯等构件时，必须设置侧向支撑，以防止构件倾覆。

6. 预制叠合楼板应水平叠放，每叠不得超过6块，并根据叠合楼板自身强度进行堆码，以防底部楼板负荷过大断裂。

7. 预制构件不应直接和地面接触，要放在木质或者一些材质较软的垫料上。

8. 工人非工作原因不得在构件存放区长时间逗留，防止构件倾覆造成人体挤压伤害。

四、构件吊装过程中的安全管理

构件吊装就位过程是装配式建筑施工中危险性较大的工序，该工序应进行重点监控，下面分析吊装过程中存在的安全风险。

（一）吊装过程中存在的安全风险

1. 设备故障

塔式起重机是预制构件吊装作业的主要设备，如长期运行不定期进行检查和保养，一旦作业中出现故障，会导致构件滞留空中，产生巨大的安全隐患，甚至出现大臂折断、塔身倾覆的重大安全事故。

2. 吊点失效

起重设备的吊钩与构件内预留的吊环进行钩连。吊装作业中，会出现吊环锚固强度不足而拔出的情况，还有吊点位置设置不合理导致的构件空中脱钩等情况，进而发生构件高空坠落事故。

3. 操作不当

吊装作业属高危作业，需要信号人员、司索人员与起重设备司机的密切配合，哪个环节操作不当或失误，都可能导致事故的发生。

4. 超载起吊

信号人员、司索人员不清楚构件重量和设备允许荷载，造成超载起吊或斜拉斜吊，导致事故的发生。

（二）吊装施工的安全管理措施

施工单位应从人员、机具、材料、方法、环境五个要素入手，统筹安排，有序实施，做好吊装作业的安全管理工作。

1. 人员

吊车司机、信号工、司索工均应具有住房和城乡建设系统核发的有效期内的特种作业操作资格证书，严禁无证或持假证上岗。

2. 机具

1）应根据预制构件的种类、规格、重量，选择起重设备型号。

2）起重设备的安装，属于文件规定的危险性较大的分部分项工程，应严格按照危险性较大的分部分项工程的相关规定执行。

3）设备安装完成后，应委托具有资质的第三方进行检测，施工单位应组织安装、租赁、监理单位验收合格，并在建设行政主管部门备案后，方可正式使用。

4）起重设备的顶升和附着，应按专项施工方案实施，由原安装单位负责，并经验收合格后，方可继续使用。

5）起重设备在使用过程中，使用单位应对设备的吊、索具等进行检查、维护和保养，租赁单位按月对起重设备进行全面检查和维修保养。

6）起重设备的使用单位、租赁单位、安装单位及监理单位，应按照相关规定，各负其责，确保起重设备的使用安全。

3. 材料

1）吊点与吊具的受力必须经过设计核算，吊点的材质、刚度、强度、位置、数量需符合设计要求，吊具应当满足起吊强度的要求。

2）根据预制构件的特点，必要时可采用专用吊架。

4. 方法

1）施工单位应编制切实可行的专项施工方案，经公司技术负责人审核后，报监理单位审批，经监理单位总监理工程师审批通过后，方可作业。

2）吊装作业前，施工单位应进行有针对性的安全技术交底。

3）吊装作业人员应严格按操作规章作业，遵守"十不吊"原则。

5. 环境

施工单位在吊装范围内进行临时性隔离，拉起警戒线，安排专人管理，要求所有非作业人员不得入内。

五、构件安装、连接过程中的安全管理

预制构件的安装、连接是装配式建筑施工过程中的重点工序，下面分析构件安装、连接过程中的安全风险：

（一）构件安装、连接过程中的安全风险

1. 构件倾覆

1）构件在吊装就位后，在正式连接之前，应进行临时支撑，特别是墙、柱等竖向构件，由于支撑不当，导致倾覆，造成安全事故。

2）构件安装、连接工序完成后，在具备拆除支撑的条件后，方可拆除临时支撑，严禁为赶进度过早拆除临时支撑件。

2. 高处坠落

装配式混凝土结构在安装外侧墙板和外侧叠合楼板时，需要施工人员进行高处临边作业，增大了高处坠落的风险。

（二）针对安全风险采取的应对措施

1. 支撑的安装与拆除

1）支撑的安装

（1）竖向构件：在预制构件吊装就位，摘除吊钩前，剪力墙等竖向构件需设置临时支撑以维持自稳，临时支撑多采用工具式钢管斜撑。临时支撑应设置上、下两道，上部支撑点宜设置在构件高度的 2/3 处，与地面的夹角宜为 55°~65°，构件下部设一道短斜撑，以避免构件底部发生平面外滑动。

（2）水平构件：叠合楼板等水平构件应综合考虑后期浇筑混凝土的荷载以及模架自身的稳定性，安装临时支撑架。

2）支撑拆除

（1）竖向构件：多采用钢筋套筒灌浆连接方式，灌浆料的强度达到设计要求后，方可拆除临时支撑。

（2）水平构件：叠合板后浇混凝土的强度达到设计要求后，方可拆除临时支撑架。

2. 防护架的搭设

1）现场无论采用落地组装式脚手架、附着升降脚手架（爬架）、工具式脚手架，都应符合该种防护脚手架的构造要求，其中，搭设高度 24m 及以上的落地式钢管脚手架、附着式升降脚手架、悬挑式脚手架，都属于危险性较大的分部分项工程，应严格按照危大工程进行管理。

2）防护脚手架必须经验收合格后，方可投入使用。属于危大工程的，架体的验收除项目经理部和项目监理部相关人员参加外，还应有施工单位的技术负责人或其授权委派的专业技术人员参加。

3）如采用附着升降脚手架，应由具有相应专业承包资质的单位进行安装，安装完成后，还应委托具有相应资质的第三方检测机构进行检测。

4）防护脚手架在使用工况下，应定期对使用情况进行安全巡检。

结语

本文是笔者参与的装配式混凝土建筑结构施工安全管理的经验总结，从装配式混凝土建筑结构施工过程中涉及的构件装卸、存放、吊装就位、安装和连接等多个工序入手，阐述了各工序中存在的安全风险和应对措施，旨在帮助参与装配式混凝土建筑的施工、监理单位加强现场的安全管理，识别并规避过程风险，避免安全事故的发生。

参考文献

[1] 国务院办公厅关于大力发展装配式建筑的指导意见（国办发〔2016〕71号）

[2] 危险性较大的分部分项工程安全管理规定（住房城乡建设部令第37号）

[3] 住房城乡建设部办公厅关于实施《危险性较大的分部分项工程安全管理规定》有关问题的通知（建办质〔2018〕31号）

[4] 关于印发《北京市房屋建筑和市政基础设施工程危险性较大的分部分项工程安全管理实施细则》的通知（京建法〔2019〕11号）

[5] 装配式混凝土结构技术规程：JGJ 1—2014 [S]. 北京，中国建筑工业出版社，2014.

[6] 装配式混凝土建筑技术标准：GB/T 51231—2016 [S]. 北京，中国建筑工业出版社，2017.

[7] 建筑施工高处作业安全技术规范：JGJ 80—2016 [S]. 北京，中国建筑工业出版社，2016.

[8] 建筑施工起重吊装工程安全技术规范：JGJ 276—2012 [S]. 北京，中国建筑工业出版社，2012.

[9] 施工现场临时用电安全技术规范（附条文说明）：JGJ 46—2005 [S]. 北京，中国建筑工业出版社，2005.

简论在既有建筑混凝土结构加固改造与加固方法中使用的探讨

刘岩

山西协诚建设工程项目管理有限公司

一、工程概况

本加固工程位于山西省太原市龙城大街，为某办公楼 C 座局部书库加固工程。由于室内使用功能的改变，现对结构进行加固改造。

（一）主要改造加固内容：①一层 14 号、15 号电梯基坑新增钢板加固；②地下二层 17 号电梯基坑梁粘钢加固；③地下二层冷冻机房开洞及新增梁板，梁板加固；④ C 区五层顶板粘贴碳纤维加固。

（二）主要加固使用材料：钢筋、钢板、碳纤维布、碳纤维布胶、粘钢胶、植筋胶、聚合物砂浆，并需要进行现场试验检测。

二、混凝土结构需要加固或改造的情况简述

（一）原有建筑的使用功能改变，如增加楼面荷载、管道的排布局限、电梯的选用改变等，都需要对结构进行加固处理。

（二）混凝土结构加固处理的基本要求

1. 混凝土结构加固前，必须请有相应资质的设计单位，按照《混凝土结构加固设计规范》GB 50367—2013、《混凝土结构后锚固技术规程》JGJ 145—2013、《混凝土结构加固构造》13G311—1、《建筑结构加固施工图设计表示方法》07SG111—1《建筑结构加固施工图设计深度图样》07SG111—2 等相关技术标准对其进行加固设计。

2. 尽可能保留和充分利用原结构、构件，尽量减少拆除或更换，能保留部分要确保其安全性和耐久性，必须拆除部分应尽可能做到材料和构配件的再利用，以节约资源和环保。

3. 确定加固方案时，应综合考虑技术经济指标，要从设计和施工组织上采取有效措施。

4. 工程施工前必须理解结构改造加固的原则及其加固的需要，若拆除需先行加固，必须确保加固工作完成且加固构件达到设计要求后，方可进行相关的拆除工作。

三、监理工作中的控制要点

（一）设计图纸必须加盖出图章后，才是有效施工图纸。

（二）审查施工单位编制的混凝土加固施工方案，经专业监理工程师审查批复，并得到业主认可后，督促施工方按方案严格实施。

（三）审查专业施工单位的资质，质量管理人员、操作人员资质，需符合要求持证上岗。

（四）专业监理工程师组织熟悉施工图纸，了解混凝土加固结构设计要求及有关规范规定，复杂部位应组织技术交底。

（五）工程上所使用的原材料钢筋、钢板、碳纤维布、碳纤维布胶、粘钢胶、植筋胶、聚合物砂浆等应经业主、设计单位认可，监理核查，并检查原材料检测报告，应该复测的，复测数据合格后，方能使用。

（六）加固的部位在加固前，必须按照图纸对于碳布 U 形箍、粘碳布的压条间距，进行定位、划线，确保定位准确，加固单位测量的数据，报监理复核后施工。

（七）混凝土表面处理，监理要进行监督检查。首先应清除原构件表面的尘土、浮浆、污垢、油渍、原有涂装、抹灰层或其他饰面层，应提出其风化、疏松、起砂、蜂窝、麻面、腐蚀等缺陷，致露出骨料新面。再用角磨机对混凝土黏合面进行剔除或打磨，直到露出含石子的坚硬层为止。

（八）混凝土表面有较大缺陷，如蜂

窝、麻面、疏松掉块、凹凸不平时，应预先修复。对混凝土麻面应用环氧砂浆、聚合物砂浆或其他修补材料修补找平。对混凝土表面疏松应预先剔除，再用环氧砂浆找平，用修补材料整修为光滑的圆弧，其仰角曲率半径不应小于20mm。监理要对表面进行查看、尺量和敲打检查。

（九）粘钢板部位的混凝土要保持清洁、干燥，其表面含水率不宜大于4%，且不应大于6%。

（十）必须核对配合建筑、给水排水、机电设备施工图，施工前应进行设计交底，如有疑问与设计联系，防止错、漏、碰、缺等发生问题。

（十一）钢板下料、打磨、预钻孔，加固用钢板加工包括切割、展平、矫正、制孔和边缘加工等，应符合规范的规定。展平后钢板与混凝土表面应平整服帖，且轮廓尺寸与定位划线吻合。

（十二）胶的配制应按厂家提供的工艺要求严格配制，粘贴钢板的胶黏剂配制应由专人负责，其配比及称量均应经第二人复核。粘钢用胶采用双组分结构胶，按厂家规定将双组分以比例拌制，随用随配，严禁在室外和尘土飞扬的室内拌合胶液。

四、监理工作流程

熟悉设计图纸→审查专业施工单位的资质→审核施工方案→原材料报验→定位放线复验→混凝土结构表面清理、凿毛、找平→界面处理→工程隐蔽验收→加压固化养护→质量验收→面层防护。

本加固工程的工艺内容为外粘钢板工程、外粘碳布工程。

（一）外粘钢板工程，根据本工程图纸内容地下二层局部梁粘钢板。

1. 定位放线，首先按照设计图纸要求弹出粘贴钢板位置线。基层打磨的边线应在粘钢边缘向外扩20mm，监理人员进行尺量，检查。

2. 界面处理，界面处理包括对混凝土表面的凿毛等处理和待贴钢板表面的打磨等处理。

1）混凝土表面处理

为保证外粘钢板与原混凝土结构墙面基层有可靠的连接，首先应查看原构件表面的尘土、浮浆、污垢、油渍、原有涂装、抹灰层或其他饰面层，检查其风化、疏松、起砂、蜂窝、麻面、腐蚀等缺陷处理，必须露出骨料新面。再检查角磨机对混凝土黏合面进行剔除或打磨，直到露出含石子的坚硬层为止。粘钢板部位的混凝土要保持清洁、干燥。

2）钢板表面处理

钢板切割前将切割区的铁锈、污物清理干净，切割后断口边缘熔瘤、飞溅物清处干净。钢板粘贴表面必须进行除锈、造划和展平处理。可用角磨机打磨，打磨粗糙度大，打磨纹路与钢板受力方向垂直。除锈后的钢板表面应显露出金属光泽；造划的纹路应垂直于钢板受力方向。钢板黏合面经处理后不得粘上水渍、油渍和粉尘。粘贴前用棉纱蘸工业丙酮擦拭干净。做观感检查。

3. 钢板下料、打磨、预钻孔。

加固用钢板加工包括切割、展平、矫正、制孔和边缘加工等，其施工过程控制和施工质量检验应符合《钢结构工程施工质量验收标准》GB 50205—2020的规定。

下料前应对钢板划线，误差要满足《钢结构工程施工质量验收标准》GB 50205—2020的要求，即在气割条件或机械剪切条件下长度和宽度误差均不

超过3mm。展平后钢板与混凝土表面应平整服帖，且轮廓尺寸与定位划线吻合。

将钢板用等离子切割机制成设计要求尺寸。当钢板长度不够时可现场焊接，但焊缝不许构件跨中且钢件焊缝要错开，不设在同一截面上。钢板焊接符合标准要求。

按设计要求及连接螺栓实际位置在钢板上钻锚栓孔，钻孔孔径及位置必须符合设计要求。按有关标准要求检查。

4. 胶黏剂配制。

将所用材料分开容器单独进行机械搅拌，然后按照比例将B组分添加至A组分中，机械搅拌均匀。胶黏剂的拌合应采用低速搅拌器沿一个方向匀速搅拌，搅拌速度以胶液无气泡产生为度。拌制好的胶液应无结块和色差、无粉尘污染、无水分和油污混入。

胶液应在规定的时间内使用完毕。严禁使用超过规定时间的胶液。检查方法查看产品说明和观察。

5. 粘钢"粘贴法"施工。

在涂胶粘贴之前，先将钢板预贴试安装。钢板粘贴位置应符合设计要求。与设计要求相比，中心线偏差不应大于5mm；长度偏差不应大于10mm。钢板应与结构面吻合，并在预贴钢板端部划出粘贴位置控制线，同时将预贴钢板暂时固定，检查钢板粘贴位置，调整对正。预先确定粘贴顺序，一般先上边再下边，先侧边再底边，同时考虑好化学螺栓紧固的顺序。

正式粘贴时，将钢板与结构面用丙酮擦洗干净，用抹刀将配置好的胶同时均匀涂布在混凝土表面和钢板面上，厚度2~3mm为宜，中间厚边缘薄，然后将钢板贴于预定位置。钢板粘贴时应平

整，高低转角过渡应平滑。粘贴好后用手锤沿粘贴面轻轻敲击钢板，若无空洞声，表示已粘贴密实，否则应剥下钢板，重新粘贴。底胶接触干燥时间3~12h，且应在底胶接触干燥时，立即进入下一工序的施工。

钢板粘贴好后可选用夹具加压法、（化学）锚栓加压法（永久性）、支顶加压法等予以固定并适当加压，以使胶黏剂刚好从钢板边缘挤出为度。固定钢板且用于加压的锚栓应采用化学锚栓，不得采用膨胀锚栓。锚栓直径不应大于M10；锚栓埋深可取为60mm；锚栓边距和间距应分别不小于60mm和250mm。锚栓仅用于施工过程中固定钢板，在任何情况下，均不得考虑锚栓参与胶层的受力计算。施压顺序是由钢板的一端向另一端加压，或由钢板中间向两端加压，不得由钢板两端向中间加压。

6. 粘钢"注胶法"施工。

当采用压力"注胶法"粘钢时，应采用化学锚栓固定钢板。固定时加设钢垫片，使待贴钢板与构件表面留出约2mm的畅通缝隙，以备压注胶液。

用密封胶将待贴钢板边缘缝隙封闭，留出灌胶进浆孔和出气孔，待密封胶完全固化后，按结构胶使用说明书的要求调配可灌性结构胶，用灌胶泵灌注。

当出气孔出浆后，证明钢板内已充分灌满胶，可用缠生胶带的螺栓堵塞，次段钢板灌胶完毕，继续进行下一段钢板的灌胶。灌胶压力宜取1~2kg/cm²为宜，避免灌胶压力过大导致钢板变形起拱。

注胶孔的位置与间距应参照规范要求。注胶设备及其配套装置在注胶施工前应进行适用性检查和试压，其流动性和可灌性应符合施工要求；若达不到要求，应查明原因，采取相应有效的技术措施，以确保其可靠性。

对加压注胶过程应进行实时控制。压力保持稳定，且始终处于设计规定的区间内。当排气孔冒出浆液时应停止加压，并以环氧胶泥堵孔。然后以较低的压力维持10min，方可停止注浆。

结构胶固化后应沿钢板长度方向检查钢板的灌胶密实度，如发现有空隙，应在钢板上钻孔补灌胶液。在粘贴过程中避免振动。按要求检查。

7. 固化养护。

胶黏剂具体养护时间、养护环境气温可参阅结构胶说明书。本工程所用胶结剂在常温条件下，如25℃时固化1天即可拆除固定卡具、支撑，3天即可受力，达到设计使用荷载。环境温度降低则固化时间相应延长，当环境温度低于5℃应采用红外线灯或碘钨灯加热等加温措施促进固化，或使用低温固化改性胶结剂。固化过程持续养护，避免水、粉尘等污染钢板表面，被加固部位不得受到撞击和振动的影响。

8. 粘贴碳纤维工程，本工程梁板粘贴碳纤维布地下二层部分顶梁及C区五、六层部分梁板。

1）粘贴碳纤维布工程概况。

本建筑物不满足受力要求的结构框架梁采用粘贴碳纤维加固。

设计要求所有碳纤维布的材质型号为高强Ⅱ级，300g/m²型碳纤维布。根据施工现场具体情况，确定采用在现场实地下料的作业方式，施工简单易行，质量可靠，效率有保障。

2）粘贴碳纤维布，认真审读设计图纸，并进行图纸会审，有疑问的地方及时提出，由设计单位予以解决。

3）粘贴碳纤维布工程作业环境温度应符合胶黏剂产品使用说明书的规定。若未作规定，可按不宜低于5℃进行控制。作业场地应无粉尘，且不受日晒、雨淋和化学介质污染。粘贴碳纤维布作业宜在环境湿度不超过70%条件下进行，本工程作业时，避开潮湿条件。

4）在进行混凝土表面打磨处理和粘贴碳纤维布之前，应按设计图纸要求的部位定位放线。监理尺量检查。

5）胶黏剂的配制应按产品说明书的配比调配。拌合应采用低速搅拌机充分搅拌。拌好的胶液应色泽均匀、无气泡，并应防止水、油污、灰尘等杂质混入。检查方法，观察即可，并检查粘贴碳纤维布构件的作业面是否卸除了作用在板梁构件上的活荷载。

6）表面处理。施工前监理工程师应对作业面进行检查，并监督按要求施工。

（1）首先清除被加固构件表面的夹渣、剥落、疏松、蜂窝、麻面、腐蚀等劣化混凝土，可利用錾子和小铁锤对混凝土表面原有浮浆层及抹灰层进行剔除。对较大的混凝土缺陷按设计要求进行修复处理。

（2）混凝土表面被粘贴部位采用角磨机打磨平整，除去表层浮浆、油污等杂质，直至完全露出混凝土结构新面，并用环氧树脂砂浆或1:2水泥砂浆将表面修复平整。必要时，按设计要求对裂缝进行灌缝或封闭处理。

（3）梁、板、柱的转角粘贴处做倒角处理，并打磨成圆弧状，圆弧半径不小于25mm。

（4）混凝土表面必须平整、坚实、无杂质，作业期间保持表面干燥。

7）找平处理。监理和业主共同对结构面进行检查确认。

（1）应按产品生产厂家提供的工艺条件或产品说明书上提供的数据、方法及注意事项配制找平材料。

（2）应对混凝土表面凹陷部位用找平材料填补平整，不应有棱角。

经清理、修整后的混凝土结构、构件，其粘贴部位的混凝土表面应进行打磨处理。若局部有凹陷，应先用修补胶填充找平；对有断茬及内转角的部位应抹成平滑曲面。

（3）本工程对梁、柱转角处的棱角进行圆化处理时，采用机械打磨及找平材料修补，达到设计要求的光滑圆弧角，现取圆弧半径 r 不小于 20mm。

（4）粘贴碳纤维材料部位的混凝土，其表层含水率不应大于 4%。对含水率超限的混凝土和浇筑时间不足 90 天的混凝土应进行人工干燥处理。

宜在找平材料表面指触干燥后或达到产品说明书要求干燥的程度后，尽快进行下一工序的施工。

8）涂刷底层结构胶黏剂，监理检查原材料是否符合要求，应确认碳纤维布和配套树脂类粘结材料的产品合格证、产品质量出厂检验报告，各项指标技术资料符合要求。

（1）应采用碳纤维布配套底层结构胶黏剂，并应按照生产厂家提供的工艺条件或产品说明书上提供的数据、方法及注意事项配制。

（2）应采用辊筒刷将底层结构胶黏剂均匀涂抹于混凝土表面。应在底层结构胶黏剂表面接触干燥后，立即进行下一步工序施工。

本工程粘贴纤维材料的施工工艺有

涂刷底胶的要求，应按底胶产品使用说明书的要求进行涂刷和养护。

9）粘贴碳纤维布，监理对现场需要加固的进行监督检查。

（1）在梁板构件的受拉区粘贴碳纤维布，碳纤维布纤维方向与加固部位的受拉方向一致。

（2）应按照设计要求的尺寸裁剪碳纤维布。

（3）按黏结面积计算好用量，按产品生产厂家提供的工艺条件配制浸渍黏结剂。准确称取混合比例，在清洁容器中充分搅拌均匀。

（4）用硬毛刷将配好的黏合剂均匀涂刷到黏合面，胶量必须充足、饱满。

（5）将剪好的碳纤维布用手轻压贴于混凝土粘贴面，采用专用辊筒顺纤维方向多次辊压，挤除气泡，促使碳纤维布平直延展，使浸渍黏结胶黏剂充分渗透碳纤维布，并使胶黏剂均匀覆盖。辊压时不得损伤碳纤维布。

（6）静置 1~2h 直至干燥，重复辊压，消除可能因纤维浮起和错动引起的气泡、黏结不实等。

（7）多层粘贴时应重复上述步骤，并宜在纤维表面的浸渍黏结胶黏剂接触干燥后，尽快进行下一层粘贴。

10）表面防护。

当需要做表面防护时，应按工艺标准处理，并保证防护材料与碳纤维布之间有可靠的黏结。本工程根据图纸设计要求做碳纤维布的表面防护层。

11）监理应控制粘贴碳纤维布工程施工质量，认真巡视监督检查，发现问题立即提出。

（1）碳纤维粘贴胶的一次搅拌量应满足本次施工的使用量，不可超出，如超过使用时间则应将粘贴胶废弃，不允许再次使用。通常在室温条件下粘贴胶的有效时间约为 1h。

注意将胶黏剂放置在通风良好的地方，并保证不要与其他不明液体的接触，防止发生化学反应致使胶黏剂失效。

（2）碳纤维布可采用特制剪刀剪断，或用优质美工刀切割成所需形状尺寸。织物裁剪的宽度不宜小于 100mm。

作业过程中应避免碳纤维布沿碳纤维丝垂直方向的弯折。

（3）按胶黏剂生产厂商规定的胶黏固化时间，养护至规定时间，以邵氏硬度 HD 不小于 70 为固化判定标准，经检查确认固化之后，进行施工质量检查验收。

若达到规定的时间尚未完全固化，应揭去返工。

（4）粘贴碳纤维布作业时严格按照有关规定进行各工序隐蔽工程验收。

若施工过程质量不合格，必须采取相应的补救措施或返工。

参考文献

[1] 混凝土结构加固设计规范：GB 50367—2013 [S]. 北京，中国建筑工业出版社，2014.

[2] 建筑结构加固工程施工质量验收规范：GB 50550—2010 [S]. 北京，中国建筑工业出版社，2011.

[3] 建筑结构加固施工图设计表示方法：07SG111—1. 北京，中国计划出版社，2008.

[4] 建筑结构加固施工图设计深度图样：07SG111—2. 北京，中国计划出版社，2008.

浅述输电线路工程质量通病防治

杨晓

华电和祥工程咨询有限公司

为进一步提高输电线路工程质量，提高质量通病防治工作效果。作者按照《国家电网公司输变电工程质量通病防治工作要求及技术措施》《国家电网公司输变电优质工程评定管理办法》的要求，本文以输电线路工程重点整治的20项质量通病，从主要表现形式、产生原因、国网优质工程评选和预防措施四个方面进行阐述。

一、基础裂缝

（一）主要表现形式：铁塔基础存在混凝土养护不良、二次抹面等造成的裂缝和冻害。

（二）产生原因：混凝土不符合配合比要求；振捣不符合规范要求，养护不到位，抹面不及时。

（三）优质工程评选：检查分值14分，现场至少抽查8基，不符合要求的每基扣2分。

（四）预防措施：

1. 严格控制配合比。

2. 混凝土初凝前及时收面。

3. 浇水养护及覆盖保护。

4. 严格控制混凝土拆模时间。

5. 冬季施工混凝土养护时需采用必要的保温措施，如搭设暖棚、挂火炉等。

二、基础二次抹面

（一）主要表现形式：铁塔基础采用表面刷浆、刷涂料等方式进行缺陷掩饰。

（二）产生原因：基础顶面不平整，顶面高差超过规范要求，立柱表面蜂窝、麻面较多。

（三）优质工程评选：基础检查分值14分，现场至少抽查8基，不符合要求的每基扣2分。

（四）预防措施：

1. 选用表面平整、接缝严密的钢模板或木模板。

2. 浇筑前模板涂刷脱模剂。

3. 严格按照振捣要求分层振捣并防止跑浆。

4. 控制顶面高差。

5. 混凝土初凝前及时收面。

6. 浇水养护及覆盖保护。

7. 严格控制混凝土拆模时间。

三、基础及保护帽破损、跑模

（一）主要表现形式：因模支护不牢固造成基础跑模，以及成品保护不到位导致基础破损。

（二）产生原因：模板支顶不牢固，混凝土下料及振捣过程中对模板支顶监护不到位，拆模过早，成品保护不到位。

（三）优质工程评选：基础检查分值14分，现场至少抽查8基，不符合要求的每基扣2分；保护帽检查分值8分，现场观察8基，积水或破损每基扣2分，与主材接合不紧密每基扣1分，工艺不美观，表面有裂纹，每基扣1分。

（四）预防措施：

1. 模板应有足够的强度、刚度、平整度。

2. 模板接缝处采取有效措施，防止跑浆。

3. 支顶牢固，在浇筑过程派人监护。

4. 拆模不易过早。

5. 对外露部分采取必要的保护措施。

四、基础及保护帽外观质量差

（一）主要表现形式：存在露石、蜂窝，以及较严重的麻面等外观质量缺陷。

（二）产生原因：混凝土不符合配合比要求、跑浆、振捣不当，过振或漏振。

（三）优质工程评选：同"三、基础及保护帽破损、跑模"的评选标准。

（四）预防措施：

1. 严格控制混凝土配合比，经常检查，做到计量准确，混凝土拌合均匀，坍落度适合。

2. 混凝土下料高度超过 2m 应设串筒或溜槽。

3. 浇筑应分层下料，分层振捣。

4. 模板缝应堵塞严密，浇灌中应随时检查模板支撑情况，防止漏浆。

5. 混凝土振捣应适度，严格按规范执行，避免漏振和过振。

五、基础尺寸不满足规范要求

（一）主要表现形式：基础尺寸不满足规范要求（小于设计值的 1%）。

（二）产生原因：采用模板不当、模板支顶不牢，浇筑过程没有调整，支撑杆过顶。

（三）优质工程评选：基础检查分值 10 分，至少抽查 8 基，现场钢尺检查，不符合每基扣 2 分。

（四）预防措施：

1. 采用合格的模板。

2. 模板必须支护牢固，支撑杆应设置合理，不得过顶或漏顶。

3. 基础浇筑过程中需要多次复核模板支护尺寸。

4. 基础浇筑后初凝前及时检查各项数据。

六、基础防沉层设置不规范

（一）主要表现形式：基础埋入泥土中、回填土明显沉降等。

（二）产生原因：余土没有外运，全部回填，且回填没有按规范要求夯实。

（三）优质工程评选：检查分值 8 分，现场观察 8 基，回填土低于原始地面、高于基础平面每基扣 1 分，基面不平整每基扣 0.5 分。

（四）预防措施：

1. 一般土质回填时，每填 300mm 厚夯实一次，土中按规定可掺有一定数量的块石，但树根杂草必须清除。石坑回填时应掺土 40%，并分层夯实。

2. 回填水坑时应排除坑内积水。

3. 回填土在地面以上应筑起自然坡度的防沉层，并要求上部面积和周边不小于坑口，一般不超出坑口 200mm 即可，经过沉降后应及时补填夯实。

七、螺栓使用不匹配

（一）主要表现形式：螺栓以小代大，或随意代用。

（二）产生原因：组装人员责任心不强。

（三）优质工程评选：检查分值 10 分，至少抽查 8 基，现场观察，螺栓以小代大扣完，紧固力矩小于规定值每处扣 0.5 分，螺栓接触不紧密、安装方向不正确每处扣 0.5 分，不同部位使用的螺栓出扣不一致每处扣 0.5 分，螺栓露扣不符合规范要求每基扣 1 分。

（四）预防措施：

1. 材料站按设计图纸核对螺栓等级、规格和数量后发放。

2. 杆塔组立现场，施工队应把螺栓采用有标识的容器进行分类，防止因螺栓混放造成使用时不匹配。

3. 对因特殊原因临时代用螺栓要做好记录并及时更换。

八、塔材制造质量不良

（一）主要表现形式：塔材焊接、镀锌等外观质量存在缺陷。

（二）产生原因：物供单位监造把关

不严，施工单位检验不认真。

（三）优质工程评选：检查分值 10 分，至少抽查 8 基，现场观察，过酸洗或露铁每基扣 2 分，镀锌层毛刺、滴瘤、多余结块、锈蚀每基扣 1 分。

（四）预防措施：

1. 物供单位加强设备材料监造。

2. 施工单位加大设备材料的进场检验，对塔材的镀锌、焊接等外观质量进行严格检查，对不合格的塔材要及时与厂家联系进行退换，严禁运往施工现场。

九、螺栓安装不出扣

（一）主要表现形式：螺栓安装不出扣、不紧固或与构件安装不紧密。

（二）产生原因：材料本身加工缺陷，设计缺陷，施工不认真。

（三）优质工程评选：同"七、螺栓使用不匹配"评选标准。

（四）预防措施：

1. 严格按规范要求进行施工，通常螺栓紧固完成后，以外露两个丝扣为宜，外露丝扣不够的需更换螺栓。

2. 认真核对图纸标注的螺栓规格，若图纸与实际不符要及时联系设计单位进行变更和增补。

3. 加强施工队自检和项目部复检的力度，发现问题及时处理。

十、螺栓出扣过长

（一）主要表现形式：螺栓露扣长度超过 20mm 或 10 扣。

（二）产生原因：设计缺陷，施工不认真。

（三）优质工程评选：同"七、螺栓使用不匹配"评选标准。

（四）预防措施：

1. 对运到工地的螺栓要分规格堆放，对于规格和型号与图纸不符的螺栓不得使用。

2. 认真核对图纸标注的螺栓规格，若图纸与实际不符要及时联系设计单位进行变更和增补。

3. 加大三级检验力度，发现问题及时处理。

十一、螺栓紧固不到位

（一）主要表现形式：不紧固或与构件安装不紧密。

（二）产生原因：施工不认真，螺栓损伤或漏紧。

（三）优质工程评选：同"七、螺栓使用不匹配"评选标准。

（四）预防措施：

1. 在地面组装的塔材螺栓要一次性紧固到位。

2. 采用力臂加长的力矩扳手紧固，但不宜超过规定值的20%。

3. 在技术交底中进行强调，以增强作业人员的责任心。

4. 螺母平面必须与构件紧密接触，交叉铁所用垫块要与间隙相匹配，使用垫片时不得超过2个。

十二、铁塔辅材弯曲、变形

（一）主要表现形式：铁塔辅材明显弯曲、变形。

（二）产生原因：施工强行组装。

（三）优质工程评选：检查分值8分，至少抽查8基，现场观察，主材弯曲每处扣2分，节点间主材弯曲大于1/800每处扣1分。

（四）预防措施：

1. 塔材装卸和运输过程中采取保护措施，如用吊带装卸等。塔材装卸时使用吊车，严禁直接抛扔。

2. 吊装塔片时，对于过宽塔片、过长交叉材必须采取补强措施，以防变形。

3. 塔材组装过程中，若遇组装困难的，必须认真核对图纸及材料尺寸和规格、查明原因，避免强行组装导致塔材弯曲、变形。

4. 提升抱杆前需将组装好塔段的螺栓全部紧固，防止受力后出现变形。

十三、铁塔联板等火曲件与塔件接触不紧密

（一）主要表现形式：铁塔联板等火曲件与塔材有明显间隙。

（二）产生原因：材料本身加工缺陷，螺栓紧固方法不当。

（三）优质工程评选：检查分值6分，至少抽查8基，现场用塞尺测量，接触宽度小于50mm，间隙不大于1mm，接触宽度，不小于50mm，间隙不大于2mm，每处不符合扣0.5分。

（四）预防措施：

1. 加强塔材的到货检验，根据图纸对联板等火曲件的弯曲角度进行复核，不符合要求的联系厂家进行退换处理。

2. 在组塔施工过程中要仔细核对火曲件的编号，对规格类似的材料不可混用。

3. 塔材组装过程中，遇组装困难的火曲件，不可强行组装，必须核对图纸尺寸，查明原因。

十四、铁塔主材与塔脚板结合不紧密

（一）主要表现形式：铁塔主材与塔

脚板间有明显间隙。

（二）产生原因：材料本身加工缺陷，螺栓紧固方法不当。

（三）优质工程评选：检查分值3分，现场用塞尺测量，间隙超过2mm，每基扣1分。

（四）预防措施：

1. 加强塔材的到货检验，尤其是对塔脚板的焊接部位进行检查，焊缝不合格的严禁使用。

2. 组塔时最底段塔材组装完成后，应检查主材与塔脚板的结合情况，若发现结合不紧密的，不得继续组装，要立即查清原因，属塔材加工质量问题的要联系厂家进行处理和更换。

3. 对于转角塔基础有预偏的，在基础浇制时要将顶面做成斜面，倾斜角度根据基础根开和顶面高差计算。

十五、压接管不满足规范要求

（一）主要表现形式：直线管、耐张管等压接部位弯曲度超标，飞边未处理等。

（二）产生原因：液压人员未将压接管端平，两模间重叠部分少，人员责任心不强。

（三）优质工程评选：检查分值4分，望远镜、现场观察。弯曲大于2%每处扣1分，位置不符合规范要求每处扣1分。

（四）预防措施：

1. 压接时严格按照施工作业指导书的工艺进行。

2. 压接后必须对毛刺、飞边打磨光滑，检查弯曲度，弯曲度不得超过2%，有明显弯曲时应校直，校直后如有裂纹，应割断重压。

3. 经过滑车的接续管，应使用与接续管相匹配的护套进行保护。

4. 对于超过30°的转角度、垂直档距较大、相邻档高差较大的直线塔，要合理设置双放线滑车。

十六、引流线安装工艺不美观

（一）主要表现形式：引流线不顺直、线间距误差大等。

（二）产生原因：引流线长度误差，压接管方向偏差，人员踩踏。

（三）优质工程评选：检查分值6分，现场观察，至少抽查2处；引流板方向不正确，制作工艺不美观，每基扣2分。

（四）预防措施：

1. 引流线压接前要将引流线吊至塔上，进行实际长度的比对，然后再断线压接。

2. 压接引流管时需严格按照作业指导书给定的引流管预偏角度压接。

3. 作业人员安装上下引流线时需使用软梯，不可直接踩踏引流线。

十七、间隔棒、防振锤等安装不规范

（一）主要表现形式：安装位置、距离等不满足规范要求，安装不牢固。

（二）产生原因：安装距离测量有误差，责任心不强，没有掌握规范要求。

（三）优质工程评选：间隔棒安装检查分值4分，现场观察，至少抽查2处，安装不垂直于导线或不整齐每处扣1分；防振锤安装检查分值6分，望远镜、现场观察，有滑移扣全分，不垂直于地面每处

扣0.5分。

（四）预防措施：

1. 防振锤、间隔棒安装尺寸要符合设计要求，起始点位置应符合设计要求，与压接管的距离应符合规范要求。

2. 各部位开口销不得漏装，不得出现半边开口或开口角度不足60°的现象。

3. 保证各部位螺栓紧固，以免出现位移的现象。

十八、接地体焊接不满足规范要求

（一）主要表现形式：接地体搭接长度、防腐等不满足规范要求。

（二）产生原因：对规范掌握不足，质量意识不强。

（三）优质工程评选：检查分值8分，至少抽查2基，接地体埋深、焊接、防腐不符合规范要求每处扣1分。

（四）预防措施：

1. 接地体焊接前，应清除焊接部位的铁锈等附着物。

2. 接地体的焊接应使用搭接的方式，搭接长度为接地体直径的6倍或满足设计要求，并双面焊接。

3. 接地体的焊接部位应使用防锈漆进行防腐处理。

十九、接地埋深不满足规范要求

（一）主要表现形式：接地敷设、埋深等不满足规范要求。

（二）产生原因：接地槽深度不足，没有将钢筋铺平踩压回填。

（三）优质工程评选：检查分值8分，至少抽查2基，接地体埋深、焊接、

防腐不符合规范要求每处扣1分。

（四）预防措施：

1. 接地槽开挖时要充分考虑敷设接地钢筋时出现弯曲的情况，留出深度富余量。

2. 接地钢筋敷设时要设专人进行监督，接地钢筋要边压平边回填，保证埋深。

3. 制作接地引下线时，要充分考虑基础的外露高度，当接地引下线长度不够时，要进行更换，不可强行连接，以免造成靠近基础部位的接地体埋深不够。

二十、各类标牌安装不规范

（一）主要表现形式：用铁丝绑扎或用脚钉固定。

（二）产生原因：没有统一要求，没有安装材料。

（三）优质工程评选：检查分值6分，现场检查，安装不符合要求每基扣1分。

（四）预防措施：

1. 在铁塔图纸审查时要注意看设计时是否留有标示牌的安装孔，若未预留，应在图纸会审时向设计单位提出。

2. 线路杆号牌、标示牌、警示牌安装要牢固、规范，要面向道路或人员活动方向，安装螺栓要紧固。

3. 及时与运行单位沟通，若运行单位有特殊要求，按照运行单位要求安装。

结语

为规范开展输电线路工程质量通病防治工作，除了以上重点质量通病防治技术措施外，还应明确建设管理单位、设计单位、施工单位、监理单位、设备监造单位等各方责任主体的管理责任。

浅谈建设监理企业信息技术应用实践

山西神剑建设监理有限公司

摘　要：当前，随着信息化技术的深入发展，监理企业在各项业务上需逐步提升高科技、智能化信息技术的引用和应用水平。山西神剑建设监理有限公司以此为契机于2016年与深圳大尚公司建立信息化技术合作关系，成功引入"智慧工程——建设工程管理信息系统"，采用信息化技术协助管理各项目建设工程监理工作，通过多年的信息化技术应用，对各项目现场监理人员作业和各项目精细化管理均发挥了明显的促进作用。

关键词：工程信息化；技术管理系统；精细化管理

做好建筑工程监督管理工作，首先应明确工程监理人员承担着非常重要的项目监理责任，其次需要提供专业化的监理服务，依托各项工作标准，在建设单位的委托下，实施工程监理。监理工作将贯穿项目施工的全过程，同时也是工程项目顺利实施的重要保障和关键一环。如质量控制、进度控制、投资控制、合同管理、安全管理、信息资料的归档和管理，参建各方的信息沟通与协调等，都是工程监理的重要工作内容。当前科技发展日新月异，随着信息化技术的深入发展，监理企业在各项业务上需逐步提升高科技、智能化信息技术的引用和应用水平。公司以此为契机于2016年与深圳大尚公司建立信息化技术合作关系，成功引入"智慧工程——建设工程管理信息系统"，采用信息化技术协助管理各项目建设工程监理工作，通过多年的信息化技术应用，对各项目现场监理人员作业和项目精细化管理均发挥了明显的促进作用。

一、关于山西神剑

（一）山西神剑建设监理有限公司成立于1992年，目前公司在职员工854人，国家注册监理工程师86人，专业监理工程师505人，是具有独立法人资格的专营性工程监理公司。公司具有房屋建筑甲级、机电安装甲级、化工石油甲级、市政公用甲级、人防工程乙级、电力工程乙级、水利水电工程乙级等工程监理资质，以及山西省环境监理备案资格，并通过了质量管理体系、环境管理体系、职业健康安全管理体系三体系认证。

（二）公司很早就开始探索管理信息化在项目监理工作中的应用，在企业内部明确工程监理部专门负责监理信息化建设，有效地推动了信息化技术在建筑施工监理方面的应用。同时也为信息化应用制定了一套行之有效的考核标准，从而让监理信息化执行更具规范性和科学性。

二、工程信息化技术管理系统应用

公司自2016年引入深圳大尚公司的"智慧工程——建设工程管理信息系统"以来，进一步实现了各项目监理部与公司总部之间的管理互通，加强了项目监理人员的工作记录和反馈。在2018年系统升级后，项目监理人员在项目过程中的工作记录内容更加丰富和精细，企业管理也增加了汇总统计和分析功能。

（一）企业端项目信息

通过系统企业端，对公司在监项目实施情况进行全面掌控，如项目概览、项目管理、物资管理、人力资源、考勤管理、合同管理、知识库、资料管理、办文中心、经营分析、考评管理、教育培训、企业资讯等。在企业端首页呈现了公司各项动态信息的数据汇总（图1），可以根据需要选择保留或者增加相应的数据统计信息，方便公司各职能部门随时提取相关数据。

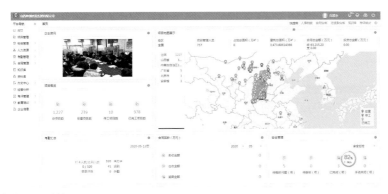

图1 智慧工程PC端首页

1.项目概览：对公司项目进行数据汇总，包括项目总数、在建项目数、停工项目数、已完工项目数等信息。项目地图展示：将公司项目按照地域进行分类汇总，根据项目的进展情况使用不同颜色在地图上进行标注，方便总部对项目的分类管理，同时非常直观地了解到公司项目的地域信息。

2.项目管理：包含了公司全部项目台账，数据均来自智慧工程项目端，统计数据包括合同金额、建筑面积、人员分布、合同款支付统计、安全检查、危险源统计、质量检查、工程变更等，快速查找需要查询的相关信息；项目情况统计为实时检查项目工作情况的汇总数据，公司职能部室可以随时检查各项目的工作情况，包括日记、日志、安全巡检、质量巡检、旁站、工作联系函等，同时可以直接进入项目管理界面检查项目的各项工作完成情况；人员列表功能对本项目的相关监理人员进行管理，对该项目监理部的机构架构进行设置。

3.物资管理：包含了入库记录、出库记录、库存管理，方便了物资管理部门对公司的办公设施及用品等物资进行管理。

4.人力资源：包含了组织管理，对企业组织架构进行设置，对所有岗位权限进行维护，在岗位列表中对岗位进行编辑、分配人员、配置权限；人事档案

管理包括企业全体人员的基本信息、工作经历、培训记录、身份证、注册监理工程师证、省级监理培训证、职称证等详细数据，为人力资源的分析及人员个人从业发展规划提供参考；证书管理对人员证件信息进行独立归档整理，信息来源于人员基本信息录入，对证件的注册专业、有效期、使用状况进行汇总，并对即将到期的证件给出预警提示，以便及时延续注册，方便了人员证书的管理工作。

5.考勤管理：考勤功能主要用于企业人员打卡、请假、出差、加班、外出、异常申诉、补卡等业务，对考勤汇总、考勤明细、审批记录、异常考勤等进行统计，便捷了员工考勤管理。通过对考勤管理进行设置，完全使用智能手机在规定的时间段打卡并统计到员工考勤打卡汇总，代替了传统的指纹或门禁考勤，方便了员工的考勤和管理。

6.合同管理：包括合同台账、回款管理、发票管理。可快速查看公司项目的合同信息、监理费支付情况、发票明细，方便了总部对公司合同的日常管理。设定项目监理费收取提醒功能，及时提醒相关负责人催收监理费。

7.知识库：将国家、地方法律法规标准以及公司的各项管理制度及专业技术文件分类汇总，方便各项目监理部及时下载学习；项目监理部可将经总部审

批同意后本项目涉及的新技术、新材料、新工艺、新方法施工工艺进行上传，企业全体人员均可下载学习，促进了企业总部及各项目监理部之间的学习交流。

8.资料管理：文件分类管理，检索方便；分为总部资料、项目资料和管理资料，提高了总部对项目监理部的工作资料管理的工作效率；文件数字化存储，便于日后多方检索、分析。永久存储：文件存储在云端，随时随地查看，降低存储成本，更快、更方便地查询相关资料。

9.办文中心：将项目的各项审批工作，从项目印章的刻制申请，项目办公、生活保障物品的申购、配发，到公司通知公告等全面实现无纸化，降低了运营成本，大大提高了工作效率。

10.经营分析：对公司各项管理数据进行归类分析，包含项目概况统计明细、人员分布明细、合同款支付统计、安全管理、质量检查、工程变更等。项目概况统计数据包括：项目所在省市、占地面积、建筑面积、合同金额、投资金额。

11.企业资讯：将公司动态资讯信息实时公布，并在PC首页进行滚动，方便员工实时关注公司近期新闻动态。

（二）项目信息管理做到同步记录

监理人员在项目现场日常工作内容较多，留存的记录内容较少，记录到监理日志的就更少了。尤其一些大型的项目现场监理人员较多，工作内容全部记录到监理日志也不现实。但是实施过程的原始记录又非常重要，是监理工作的痕迹和履职证明。万一出现纠纷，完整的工作记录是对监理工作的一个强证。

智慧工程的项目PC端包含了安全管理、质量控制、进度控制、物资管理、人力资源、考勤管理、合同管理、知识库、资料库、信息管理、业务辅助、办文中心、图纸管理、考评管理等主要模块。项

目端的首页汇总显示本项目的各项数据，同时显示同步于企业端的企业资讯；通过智慧工程现场端的工作职能分解，可以使监理人员对现场的各项管理工作有更清楚的了解和掌握，如安全管理工作包含安全管理组织、危险源管理、安全管理制度、专项施工方案、监理规划/细则、特种作业人员管理、危大工程管理、安全技术交底、安全检查、材料管理等，促进现场安全管理工作全效开展。质量控制包含质量管理制度、专项施工方案、场地工作面移交、监理规划/细则、质量巡检、工程验收、材料管理、工程测量、技术交底等方面工作内容。资料库包含自动归档功能及文件分类管理，检索方便，各项目监理部可按当地实际情况，使用本省的归档目录，实现监理文件资料按照管理文件、质量控制、进度控制、安全管理等进行详细的分类，方便监理人员的工作查询，并促进监理工作的可追溯性。业务辅助模块对工程的单位工程进行划分，实现分单位工程资料归档。

手机端App包含了质量检查、安全检查、形象进度、平行检验、旁站监理、日记日志、晴雨表、工作日程等功能。通过手机端App应用，可实现随时随地查看工程计划进度与形象进度对比，便于统一工作目标和协同工作；实时接收相关的安全管理工作提醒，比如：重大危险源施工、极端天气提醒等；资料自动归档，文件分

类管理，项目监理人员的日常工作基本可以做到工作信息同步记录，每个人都有自己的工作台账，方便反馈和跟踪工作内容。比如，在日常巡检中发现一个问题，通过拍照记录发送给问题处理人员后，在规定时间督促对方进行整改并对整改结果进行复核，并完整地在系统里面记录。这些每日的工作内容，可以同步到每天的监理日记中。公司要求每位项目监理人员都要通过手机端App编写单独的监理日记，每日提交。通过这个小小的习惯，提醒大家今日事今日毕，事必有果，责任到人。项目总监可以通过手机端和电脑端及时查看和统计这些信息内容，加强对项目监理机构各成员的工作管理。项目监理机构的各类各项管理信息资料，公司总部在企业端可随时查看，方便公司了解和分析项目实施情况，便于管控和纠偏（图2）。

（三）项目监理人员的管理

公司对项目监理人员设有选拔标准和考评要求，比如考勤和日记管理，还有定期的人员学习和考评。在使用信息化管理之前，这些工作都是人工在处理，时间长和人力耗费大。在引入信息化技术管理之后，人员考勤更便捷了，基本涵盖了项目监理人员可能出现的各类问题，很好地解决了人力部门的考勤管理工作。例如：手机端App移动考勤、实时定位打卡，根据项目特点分别设定考勤工作时间、加班、外出、事假、病假、出差、异常申诉等。

人员的继续教育和考评，建设监理是一个高度依赖监理人员技术能力的行业，打造高素质队伍对项目监理水平和质量都有着非常重要的作用，公司建立了完善的学习和考评制度。在引入信息化技术管理系统后，大部分学习和考试都可以在线完成，并且学习资料均可在线观看，方便人员随时观看和学习。最新的行业规范、标准等资料可以通过系统的知识库来查询下载，解决了监理人员对相关知识的学习需求。公司号召创建学习型监理企业，尽全力使学习渗透到神剑人的习惯中，提供知识内容的更新和学习互动，提升神剑人的自主学习能力，让神剑人掌握更多的计算机应用、互联网知识、监理信息化管理等方面的知识，提高神剑人的信息化技术应用技能，打造新一代监理人才队伍（图3）。

（四）企业管理信息化

信息化工程监理不断体现出其必要性和重要性，作为监理企业要强化建设单位与监理单位间的密切沟通，明确监理的性质、作用和工作方法，进一步促进信息化技术管理的应用与开发。管理信息化已经成为当今社会广泛接受的创新方式，在推广和应用中都需要更多企业带头，企业需要厘清管理的目的和目标，选择适合自身的信息化系统来支撑信息化的执行，公司在信息化管理方面也是在不断地探索和学习，希望有机会可以与大家共同学习和交流。

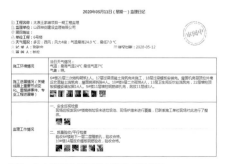

图2　个人监理日记记录内容及工作照片

图3　公司培训，人员继续教育课件、视频

浅谈可挠金属管（KZ管）在建设工程中的应用

李恩瑜

泛华建设集团有限公司

目前在北京电影学院怀柔新校区一期工程项目中各专业也采用了许多新技术及产品材料。在电气工程中，主体结构电气预留预埋阶段，就采用了一种可挠金属管（KZ管）。

一、KZ管的部分优点

1.KZ管的应用领域及相关规范

我国首次从国外引进"可挠金属电线保护套管"是在1992年，因其具有的独特优点，很快被应用到各个领域，并得到了大家的认可和好评。可挠金属电气导管（图1）有KZ（基本型）、KV（防水型）、KVZ（阻燃型，又称KNG管）三类，适用于混凝土建筑、装修、设备、桥梁、隧道、照明等多领域的使用。KZ管采用《建筑电气用可弯曲金属导管》JG/T 526—2017标准生产、设计和施工。验收采用《建筑电气工程施工质量验收规范》GB 50303—2015和《民用建筑电气设计标准》GB 51348—2019内的相关规定进行质量验收。

2.KZ管的加工及运输方面的优点

KZ管切断简单，加工容易。用专用套管切割刀，就可以轻易切断，断面非常光洁整齐。KZ管不需要用锯、虎钳等工具来进行切割，也不需要对切口进行加工，不需要携带挑螺纹工具、折弯机等，只用卡钳和刀在现场就能方便施工。另外KZ管有体小量轻、搬运方便的优点。KZ管精选原材料经特殊工艺加工制作而成，其套管结构新颖，品质优良。KZ管重量较轻，卷成圆盘状，体积比较小，可以很方便地搬运到建筑物的高处，消除作业危险。

3. KZ管连接方面及自由弯曲的优点

目前公司项目采用的可挠金属KZ管本身自带螺纹，连接非常便捷。专用套管都是由螺纹构成的，因此不需要挑螺纹，无论何地切断，都可以用连接器与电线管设备、电机等可靠地进行连接。KZ管还可根据配管时弯曲走向的要求，不需要任何工具，直接用手自由弯曲，其弯曲角度不宜小于90°。明配管管子的弯曲半径不应小于管外径的3倍；在不能拆卸的场所使用时，管子的弯曲半径不应小于管外径的6倍；在预埋时管子的弯曲半径不应小于管外径的10倍。所以KZ管即使在内部构造比较复杂的场地，也能又快又简单地配管。比目前国内普遍使用的需要螺纹连接的镀锌钢管、紧定式连接的JDG管、焊接连接的焊接钢管等在连接方面和布管自由性方面都有很大的便捷优势。KZ管给电气施工带来简单、方便、快捷的同时还大大提高了工程效率。而且，产品高达100%的利用率，大大降低了工程材料消耗（图2、图3）。

4. KZ管还具有耐振耐水、耐腐绝缘、阻燃隔热等优点

KZ管由于管材质量和结构上的特点，具有良好的柔软性、耐蚀性、耐高温、耐磨损和抗拉性，所以抗振、耐振动的性能是非常好的。基本型KZ管材质外层为热镀锌钢带绕制而成，内壁是特殊绝缘树脂层。具有耐水特性的KZ管，

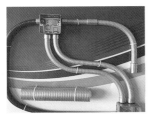

图1　可挠金属电气导管

图2　排布美观　　　图3　自由弯曲

可以将其预先埋在混凝土的构架中，保护电线、电缆不受到损害。KZ管管材内外双重防腐，使用寿命长（可与建筑物同寿命），屏蔽作用不受影响。

二、KZ 管在预留预埋阶段的缺点

1. KZ 管成品保护的重要性

虽然 KZ 管在预留预埋的阶段，施工便利、省时省力、大大提高了效率，但在成品保护方面，应加强把控管埋。例如，建筑楼板浇筑完成后，电气预留出楼板的 KZ 管不采取防护措施，各专业施工的材料如钢筋、模板、套管等会轻易地压扁、压断 KZ 管，对修补连接及穿带线施工影响很大，所以应采取相应的防护措施。

本工程经过现场实践，最终采取有效的 KZ 管保护措施。采用 PVC 套管做防护，并贴上带有明显颜色的标识，这样既能起到警示防护作用，又能体现文明施工的整齐和美观性。

2. KZ 管在二次结构施工阶段暴露的缺点

虽然在出楼板处对 KZ 管采取了相应的防护措施，在二次结构施工时 KZ 管仍然可能遭到严重破坏。主要表现在二次结构施工在楼板处插筋做门框柱、构造柱时，冲击钻会破坏预埋在楼板里的 KZ 管。无论 KZ 管绑扎在楼板钢筋的上铁还是下铁都躲不开被破坏的风险，导致穿带线扫管施工时，人员投入量大，

图4 插筋施工破坏KZ管 　图5 修补后的KZ管

修改补救时间长，严重时会导致施工进度滞后（图4、图5）。

本工程采取的预防措施，在楼板预留预埋期间，认真核对各层土建的建筑图纸，KZ 管排布时避开二次结构墙的门口、转弯处，及沟槽柱位置。采用这种方法，在后期二次结构插筋施工时，就会避免很多 KZ 管被破坏的情况发生。在实际施工过程中用此预防措施，效果非常显著，KZ 管很少被破坏。

3. KZ 管在管线综合安装施工时的缺点

在管线综合排布施工阶段，KZ 管也暴露出不可避免的缺点。管线综合施工时，如通风空调、给水排水、电缆桥架、母线槽等施工都需要在楼板处安装支吊架。按照施工验收规范，支吊架排布较密集。在楼板处固定膨胀螺丝时，有很大几率打穿 KZ 管，而且楼板厚度有限，不能过深剔槽从而影响结构，所以，在这个阶段如果 KZ 管被严重破坏，只能明敷。

本工程根据现场实践和施工经验，只能把破坏率降到最低。在顶板无吊顶的情况下，应采取综合支吊架的方法施

工，因为管线综合排布各专业支吊架较多，采取统一综合的支吊架。在顶板处固定支吊架的螺丝就大幅度减少，同时也减少破坏 KZ 管的几率。在顶板有吊顶的情况下，建议在吊顶上明敷设，从而避免支吊架破坏 KZ 管。

结语

以上就是简单总结 KZ 管在施工过程阶段的优点与缺点。虽然科学技术水平推动了电气技术的发展，新的产品、新的材料在不断地更新，但是在具体的实践过程中，仍然出现亟待解决的问题。建筑业随着社会发展在不断进步，新工艺、新产品、新材料大量推广，监理是检验新工艺、新产品、新材料的执行者。通过实践找出优点与缺点，并能够通过施工过程中采取的有效措施解决改进缺点，从而达到更高的施工质量及节能省材。

参考文献

[1] 民用建筑电气设计标准：GB 51348—2019 [S]. 北京：中国建筑工业出版社，2020.
[2] 建筑电气工程施工质量验收规范：GB 50303—2015 [S]. 北京：中国建筑工业出版社，2016.
[3] 火灾自动报警系统设计规范：GB 50116—2013 [S]. 北京：中国计划出版社，2014.
[4] 建筑电气用可弯曲金属导管：JG/T 526—2017 [S]. 北京：中国标准出版社，2018.

以人为核心、以项目为基础，总监宝推动监理企业升级提高

陕西中建西北工程监理有限责任公司

摘　要：总监宝以人为核心、以项目为基本，创新传统项目管理理论，在监理工作行为数字化研究和游戏化管理的基础上，采用分布式数据库和SaaS模式，从下向上，帮助建立监理信任、树立监理形象、提升监理水平、协助参建各方共同取得项目成功。

关键词：总监宝；监理工作行为数字化；工作积分化

监理企业项目多、地点分散、难管控。项目监理人员水平低、能力差、不负责、认可度低，行业口碑差、尊严指数低，这些是困扰监理行业的难题。

对业主而言，项目监理部工作水平，代表监理企业水平。为了改变监理企业形象，提升企业竞争力和美誉度，各监理企业都在不断创新，探索对项目监理机构管理的办法。

2015年起，总监宝从基础研究做起，以人为核心、以项目为基本，一反传统ERP模式，探索了从下向上的监理企业信息化之路。

秉承提升监理尊严的愿景，担当降低监理工作难度、减轻监理工作负担、体现监理工作成果、提升监理工作的能力的使命，在没有可资借鉴的情况下，总监宝开发团队反复尝试，从微信系统、总监宝1.0、总监宝2.0，到今天的总监宝3.0，在实践中修改，在修改中实践。经过6年多的磨炼，伴随总监宝3.0软件开发的监理企业，与多方业主建立了信任、树立了形象，进而提高了业务水平，监理业务、全过程工程咨询业务量稳步提升，企业得到了长足的发展；总监宝也逐步从监理专用工具，到服务项目管理工具，进而发展为监理企业管理平台，成为监理企业的助推器和进步的力量。

一、以人为核心，通过监理工作行为数字化和积分化，建立监理信任

信任是因相信而敢于托付，信任是交易或交换关系的基础。业主的信任是监理有效开展工作的前提，施工单位的信任是监理顺利工作的保障。

不同于过去的项目管理，总监宝是在行为科学理论的指导下，对不同角色监理人的行为进行研究，掌握监理人的行为规律；用游戏化管理思维，采用监理工作积分化的方法，创新员工管理模式，提高了监理工作效率和效果，提升了业主对现场监理人员的信任。

总监宝运用监理工作行为研究的成果（图1），在不改变监理人员工作行为的基础上，进行系统功能设计，率先设计出考勤、巡视、验收、旁站、材料进场、重点事项跟踪、危大工程管理、收发文、资料完善等基础功能，给难以考核的监理工作赋予了新的活力。

以人为核心，监理人员完成的日常巡视、验收、材料进场、旁站、问题管理、收发文、资料完善等基本工作，都可以通过手机传递到系统，形成各类工作台账，清晰地展现给各方，体现监理

项目监理人员日常工作标准一览表							
序号	分类	名称	简要工作标准	备注	考核方式	考核得分	备注（得分规则）
1	每日必须完成工作	考勤	正常上班8:30、正常下班17:30。上、下班均需使用需要软件进行打卡考勤。外勤的在固定地方，若遇时有小问题则四图。需要清单、清翻的相关未填写，需要员工三天以内清翻则由总监1分扣。批准，三天以内的由班打汇。根据工作完成度做到翻总价扣和超标	具体考勤时间根据项目确定	软件考核	1+1分	外勤要有说明及照片、审批。上午上班未打卡扣10分，下午下班打卡未到扣10分。
2		项目	项目人员提前10分钟上班，打扫办公室卫生、整理图纸、擦拭电脑、打印机、尺	项目人员调休可照常	总监考核		
3		统一着装	员工工作时间统一着一着(裙)、进入必须戴(帽)。安全帽、3、皮尺	进入必须戴(帽)、摘帽其它工具	总监考核		
4		晨会（会议）	总监、代表每日根据汇总上报考勤情况，在晨查软件中查看该员工当班工作状态、并遇查考勤人员、开会软件晨查员工当日相关信息及事情汇报情况。其次监理外勤安排当日工作任务及当日本班相关登记基础工作的完成情况。每个人信息会议通过软件晨查排定自己当日具体工作	资料员每日晨会结束后第一时间对打印当日报会议记录、按时间网络转订成表	软件考核	1~3分	主持晨会3分、参加晨会1分、软件未及时上传扣分，软件系统登记任务描述情况和照片。
5		巡视	上午9:00开始巡视，根据巡视内容及需要软件中按排的任务进行分配分配，监理项目关注点全面覆盖的网络安排、巡视在需要了解进度、质量、安全基本情况，人员、材料、机械配备情况及监理项目整体工作进度，巡视结束并发现需要在网络做出记录等工作的，在网络中按排的任务进行巡视，重点巡视项目方关注在处理重点工作及项目营造物网的分析等通报，并在项目晨查系统中网络网络的各方关注。新开工启动、更新巡视新的工作、除达到标准安全巡视、关注该项目需要网络注意的问题进行。下午下班前巡视、专业监理工程师进行巡视。	两一时段内（上午、下午、夜间）所有作业面的巡视、第一个巡视面记录分，过程中增记一个巡视面记录分，一具一栏过程中多于5巡视任务、多个巡视任务上传发现一问题、闲合一问题	软件考核	2分	
6		个人日志	每个监理人员需在下午下班前在网络软件中完成自己的个人当日工作日志	监理人员应认真总结个人当天工作得失，个人日志格式要求明，个人日志不少于15字	软件考核	1分	个人日志不少于15字，低于15字扣分。

图1 项目监理人员日常工作一览表

工作，建立各方对监理的信任。

二、以项目为基本、以总监宝为工具，树立监理形象

项目上，通过总监宝将项目真实有效的工程进展、进度、质量、安全管理、重要事项、项目资料等情况，通过不同的信息汇总界面和项目看板清晰透明地呈现给参建各方，以便各方及时了解现场和监理工作情况。通过监理独立工作所得到的现场真实信息，业主可以随时下达工作指令，发挥业主的主导作用。以问题为导向，实现项目监理部对施工过程的管控。及时有效的现场信息，能规避出现现场信息孤岛，监理逐步掌握了现场项目信息的主导权，建立起业主对监理的信任、施工单位对监理的尊重。

源源不断来自各方项目的信息汇集到公司本部，公司可以随时远程掌握所有项目现场工作情况，项目监理人员可以按公司要求有效展开现场监理工作，规避监理风险。公司人员可以随时检查指导项目资料，降低管理成本；公司各级专家，可随时远程解决现场问题，支持项目工作。

总监宝3.0根据监理公司特点，在完善的项目管理基础上，开发了公司简便易行的办公OA功能。有公司发文、

组织机构、流程审批、绩效管理、投标管理、企业学院等监理公司必备的行政和知识管理功能，全面提升监理公司的管理水平。企业投屏功能，将监理企业的简介、主要经营情况、项目情况、财务指标等经营数据，根据领导的关切程度进行灵活配置，提升公司管理形象。

总监宝3.0的应用对内可以提升所有员工对公司的认知，提升监理人员责任心和群体作战能力。对外可展现监理公司能力，体现监理公司管理水平，树立监理公司形象。

三、以分布式计算为基础，大数据分析为引擎，SaaS服务为入口，搭建先进、高效的技术平台，保障信息化服务效果

总监宝致力于服务监理行业，采用

SaaS模式，能够大大减少监理企业的信息化成本，快速、方便地接入业务。总监宝采用了微服务架构体系（图2），当系统压力增大时，能够动态增加服务节点进行水平扩展，提高了系统的伸缩性。采用分布式数据库及大数据处理技术，一方面支撑企业大量的结构化数据及非结构化数据存储，另一方面能够快速分析项目数据，提高企业管理水平（图3）。

四、以真实信息为素材，涌现出群体管理智慧，提升监理群体工作水平

随着开发的深入，来自现场每一个基层人员的项目信息不断出现，依靠丰富的现场信息，应用总监宝的监理企业，组织形态与传统组织已发生改变，形成了更适用于项目业态的蜂群或蚁群组织。监理人不再完全依靠自身的能力和认知开展工作，每个人都是借助于总监宝汇集的群体信息在工作，无形中放大了监理人的工作能力，涌现出群体管理智慧。总监宝日志、监理工作台账、质量报告、进度报告、安全问题报告、监理通知等报告，都是群体工作的结晶。在系统的帮助下实现了低水平人干中水平工作，

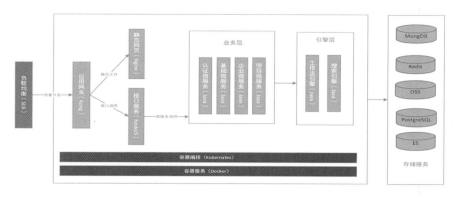

图2 总监宝微服务架构体系

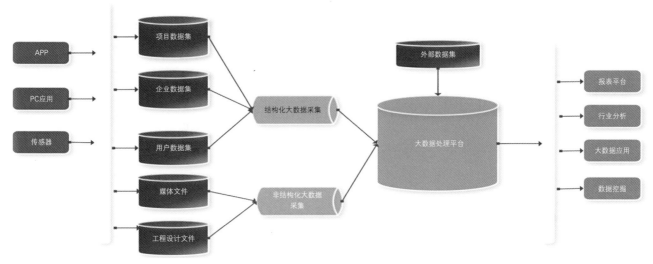

图3 分布式数据库和大数据处理技术

中水平的人干高水平的工作，项目监理群体特别能战斗的现象，提升了监理群体工作水平。

五、突破传统项目管理理论，以信息为血液，为项目成功提供保障

传统项目管理理论基于古典管理理论，由泰勒的科学管理理论、法约尔的管理过程理论、韦伯的古典行政组织理论构成，管理活动包含计划、组织、指挥、协调、控制五种职能。强调管理的科学性、精密性和严格性。在组织结构上强调上下严格的等级系统，是一个封闭系统，组织职能的改善仅靠内部合理化，而较少考虑外部环境影响，忽视人的心理因素，忽视了工程项目的不对称

性、复杂性和不确定性。

项目管理的难度和复杂实质上来源于信息的繁杂和失真。总监宝构建的是一个具有耗散结构性质的开放系统，如果缺乏项目现场真实信息的流入，其本身就会处于孤立或封闭状态。在这种状态下，无论项目的原始状态如何，项目都将呈现"死寂"状态，甚至失控，不能有序运行。只有富含"氧气"（项目真实信息）的新鲜"血液"不断地流入系统机体，项目本身各"系统功能"（参建单位）才能有效发挥作用，保证机体活力，自发地从混沌状态转变为有效状态。

总监宝服务于监理项目的同时，也提供项目管理服务。在投资200亿元的西安幸福林带项目，以信息为血液，总监宝突破传统项目管理理论，中建西北

监理为业主提供了全过程现场管理服务，并取得了良好的效果。合理运用，总监宝可以为项目成功提供基本保障。

结语

总监宝开发团队结合传统监理和IT，围绕监理痛点，突破传统项目管理思维，在项目协同服务思想的指导下，基于监理工作行为数字化和游戏化管理的基础，以人为核心、以项目为基本，采用分布式数据库和SaaS模式，从下向上，帮助建立监理信任、树立监理形象、提升监理水平、保障项目成功。推动监理企业技术进步，提高效益。

总监宝经过6年研发，还很粗糙，还有很多事要做，总监宝愿为监理企业升级提高做出贡献！

监理企业争当全过程工程咨询主力军

——全过程工程咨询现状和发展创新趋势分析

沈柏　皮德江

北京国金管理咨询有限公司

一、现状分析

全过程工程咨询以 2017 年 2 月《国务院办公厅关于促进建筑业持续健康发展的意见》（国办发〔2017〕19 号）为肇始，其后陆续有《住房城乡建设部关于开展全过程工程咨询试点工作的通知》（建市〔2017〕101 号）和《国家发展改革委 住房城乡建设部关于推进全过程工程咨询服务发展的指导意见》（发改投资规〔2019〕515 号）发布，至今已逾四载。在这四年岁月中，全过程工程咨询（简称"全咨"）经历了概念提出、全国试点地区和企业名录发布、各地宣贯和试点项目落地，2019 年 3 月 515 号文正式发布，全国范围内陆续推广、项目落地实施等各个不同阶段。

中国建设监理协会自国家推行全过程工程咨询之初，就积极响应并在监理行业推进、落实全过程工程咨询服务的政策宣贯、理论研讨和项目落地。王早生会长在多个场合和会议上反复呼吁和勉励全国的监理企业："监理企业要努力争当全过程工程咨询服务的探路者和主力军。"

时至今日，全咨已结束了为期 2 年（2017 年 5 月—2019 年 5 月）的试点期，进入全面总结经验得失、建立健全相关配套法律法规、政策引领、示范地区和项目样板引路阶段，全咨模式发展、实施情况较好的东南沿海省份和地区少数政府投资项目已竣工，进入全咨项目总结、反思、提高和进一步探索改革创新招标委托模式，项目建设管理模式和相关配套法规保障的深水区。

（一）全咨项目招标统计及分析

关于全咨在全国各地的项目落地实施状况详见 2019、2020 年度全国全过程工程咨询服务项目招标情况统计图（图 1）。

从图 1 可见，整体上看，全咨发展和项目落地实施情况可以归纳为：各地冷热不均，南热北冷、东热西冷，即南方省份和地区比北方省份和地区好，东部比西部好，尤其是东南沿海地区表

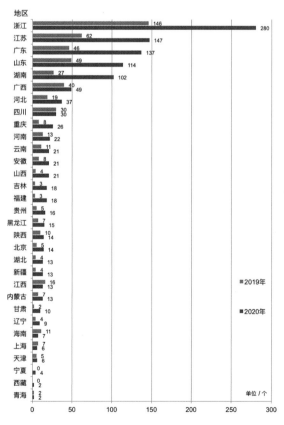

图1　2019、2020年度全国全过程工程咨询服务项目招标情况统计图

现最热，与我国整体经济发展状况和地理气候条件特征恰好相符，其中又以浙江、江苏、广东、山东和湖南发展最好，势头最猛；山东虽地处北方且非全咨试点地区，但其同时又属东部沿海省份和GDP大省，全咨发展可谓后来居上；广西由于是后增试点地区又地处两广，受广东影响等缘故，政府重视，咨询企业踊跃参加，发展后劲不错。例外的分别是上海和海南等地，虽地处东部和沿海地区，全咨发展却未见大的动作。尤为可贵的是，不少非试点省份和地区（如内蒙古等地）以及咨询企业也积极投身全咨项目实践。2020年西部省份西藏和宁夏实现了全咨项目零的突破。

（二）全咨业务分布统计及分析

关于全咨招标和项目实施中所含各项咨询业务分布情况详见2019、2020年度全国全过程工程咨询项目咨询业务统计图（图2）。

从图2可见，诸项咨询业务中，工程监理、全过程造价咨询、项目管理三项咨询业务出现频次最高，除此之外依次为招标采购和工程设计（二者较接近）。这可能说明如下五个问题：

一是大多数项目业主比较倾向于全过程项目管理＋工程监理＋全过程造价咨询或三项业务两两组合的模式。

二是一部分项目业主采用将工程勘察设计与上述三项业务组合的模式。

三是上述数据统计验证了笔者提出并一直坚持的"1+1+N（N≥0），一核心三主项＋其他专项咨询业务"公式适用于全咨项目实践，即第一个1表示全咨必须坚持以全过程项目管理为核心，不委托项目管理业务的不能称为全过程工程咨询；除项目管理外，第二个1表示还必须包括工程设计、工程监理和全过程造价咨询三个主要咨询业务中至少一项；N为上述核心和主要咨询业务之外的其他专项咨询业务，N可以为零。

四是从业主委托工程监理和造价咨询业务数量高于委托项目管理数量可以判断出，部分全咨招标项目未委托全过程项目管理，而只采用"监理＋造价咨询"组合或与其他专项咨询业务相组合，项目管理采用"业主自管"模式；据悉，江苏和江西等省采用此种模式多一些，前条已述，不含委托项目管理的组合，严格意义上讲，应不属全咨服务。因为项目管理是全咨的灵魂，少数"业主自管"模式可能也会产生较好甚至很好的管理效果，究其根本原因，还是由于业主团队本身具备专业性和管理能力及项目实操业绩，但其数量毕竟在广大项目业主中占比很少，不具备代表和推广、借鉴和仿效意义，且不符合国家推行全咨的初心和政策精神，即鼓励国内咨询公司做大做强，与国际接轨、参与国际竞争和"一带一路"建设。此外，从专业技术服务角度，也应该是术业有专攻，鼓励细化社会化分工，专业的人做专业的事。至于具有政府背景的投资建设平台公司和房地产开发公司等，如果以"业主自管"模式参与项目，与项目业主自管无异，无须再议；如果为了开拓市场和扩大咨询业务范围，参与市场竞争，承接全咨业务中的项目管理、投资咨询等咨询业务，则属全咨无疑。

五是在各项咨询业务中监理业务名列前茅，说明在全咨服务市场，具有工程监理资质的综合性工程咨询单位目前是全咨服务的主力军，这种现象今后将会持续相当长一段时期。目前，作为经济热点的大湾区代表、先行示范区和改革开放象征的深圳市，其大型、超大型政府投资项目的全咨服务市场，云集了全国具有监理资质的顶尖水平工程咨询

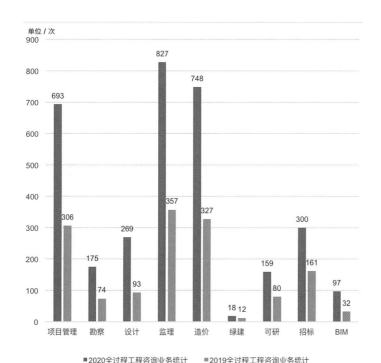

单位／次

图2　2019、2020年度全国全过程工程咨询项目咨询业务统计图

单位，且基本上占据垄断地位的现象充分支持了上述观点。

（三）全咨与GDP统计关联及分析

关于全咨发展和项目落地实施情况与项目所在省份、区域经济发展状况的关联关系情况详见2019、2020年度全国各省市GDP与全过程工程咨询项目数量统计图（图3）。

从图3可见，全咨开展情况与所在省份、区域经济发展状况密切相关，如：广东、江苏、山东、浙江等省份不但GDP在全国领先，而且，全咨和项目开展情况恰好与其GDP排名高度相关、吻合，名列全国前四。关联度尤以全球经济热点，处于粤港澳大湾区的深圳表现为最。关联性较差的是北京、上海和天津等地，尤其是位于全咨试点地区前列的北京和上海，很少有大中型全咨项目招标和落地实施，表现令人意外和费解。

（四）北京全咨开展及项目案例简介

仅以笔者所在地北京市为例。2017年5月住建部101号文发布的全国八省市（后增至十省市）四十家试点地区和试点企业名录中包括北京市和其所在地11家企业（其中勘察设计类企业7家，具有工程监理资质的咨询企业4家）。时

至今日，由于方方面面的原因和条件制约，大中型全咨项目（包括政府投资项目）在北京市并未得到落地和实施。

唯一例外的是北京市向中华人民共和国成立七十周年献礼项目——香山革命纪念馆，由于工期紧迫、建设难度大等原因，由北京市委市政府决定项目采用全过程工程咨询服务模式，市重大项目办公室牵头组织，采用邀请招标比选方式选择全咨服务单位，服务内容包括全过程项目管理、可研报告编制、工程监理、全过程造价咨询和招标采购五项咨询业务。笔者有幸作为公司主管领导全程参与了该项目的全咨服务工作。该项目已于2019年国庆节前按期竣工投入运营并获得鲁班奖，成为到目前为止，北京市首个，也是唯一采用全过程工程咨询服务模式进行建设管理的大型公建项目，同时也成为全国范围内，国家提出并施行全过程工程咨询服务模式后开工建设，并已竣工的具有代表性、为数不多的重要公建项目。

回望国家推行全过程项目管理乃至全过程工程咨询之路，并非一片坦途，对不少省市来讲，包括北京和上海，远不止用坑坑洼洼所能形容，观望、徘徊，

甚至停滞不前的情况和局面时有发生并持续较长时间。仅举一例，国家从2003年开始推行项目管理和工程总承包，其后多次发文提倡和引导推行"项目管理+工程监理"模式（管监一体化、管监合一模式），即具有监理资质的工程咨询单位通过公开招标承接项目管理业务后，可以不再通过招投标，而采用合同备案等方式直接承接本项目的监理业务，这种做法十分接近于目前在深圳等地广泛采用的全咨服务之"管+监"模式，说明国家最高建设行政管理部门早在十几年前就对未来项目建设管理模式具有高度的前瞻性和预见性。

但是十分可惜，直到2018年5月，"管监合一"在北京仍是不被允许的，当时的监理招标文件明文规定：凡参加过本项目前期咨询（含勘察、设计、项目管理、项目建议书、可研报告编制、各种评价咨询业务等）均不得参加项目监理投标，此时，距国办19号文发布（2017年2月）已有一年多时间。笔者所在单位作为住房和城乡建设部全咨试点名录北京地区成员，多次向北京市住建委反映和呼吁解决此类"管监互斥"、不符合国家推行全咨指导思想的问题。在住房和城乡建设部建筑市场监管司和北京市住房和城乡建设委员会建筑业管理处领导考察笔者单位全咨试点项目（中信银行信息技术研发基地）的现场调研会上，在部、市两级住建部门领导的大力协调下，这一困扰北京工程咨询、监理企业多年的问题终获解决。实际上，允许同一项目由同一家咨询单位承担项目管理和工程监理业务，与全咨招标委托中的"项目管理+工程监理"模式还远不是一个概念，但毕竟朝这个方向迈出了一步。

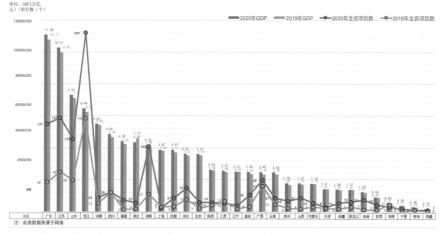

图3 2019、2020年度全国各省市GDP与全过程工程咨询项目数量统计图

到目前为止，北京市尚未出台有关全咨方面的指导意见、实施意见和服务导则等，市发展和改革委员会只在2019年6月转发了国家发展和改革委员会和住房和城乡建设部联合颁布的515号文；北京市规划委员会于2020年12月颁发了《北京市建筑师负责制试点指导意见（指导意见）》。

二、发展趋势展望

关于全过程工程咨询今后的发展趋势，笔者持乐观态度。总的趋势应是由试点省份和单位向非试点省份和单位、局部省份向全国各地蔓延扩展，由经济发达、先试先行的东南沿海和南方地区逐步向北方和西部地区渗透、发展的过程。当然，发展的过程不会一帆风顺，其间会经历怀疑、徘徊、观望、争论甚至否定等，但笔者相信，经过各级各地政府正确引导和不断出台配套法律法规、先行省份的示范和榜样力量，以及广大工程咨询行业人员的共同努力，全过程工程咨询一定会在全国范围内循序渐进、由浅入深地逐步进入健康发展轨道，从而使我国工程咨询行业和企业不断做大做强，与国际接轨并参与国际竞争。

（一）"1+X"模式将成为必然趋势

在全咨的发展过程中，无论政府部门的政策引导和法律法规的完善还是配套实施意见、服务导则、示范文本的编制出台等均十分重要，往往决定全咨的发展方向和进程。全咨是一个系统工程，有许多问题亟待探讨，笔者认为，当前最急迫、最重要的是全咨服务的"1+X"模式问题，其中1为全过程项目管理，X为其他咨询业务，"1+X"模式的核心思想是全咨服务必须以委托全过程项目管

理为核心业务和必选项，加上其他1~X项专项咨询业务（工程勘察设计、监理、全过程造价咨询等）才构成真正意义上的全咨服务。全咨招标时如采用"业主自管"模式而不委托项目管理，只委托其他专项咨询业务及组合，则不属于全咨服务招标，理由前文已叙，不再赘述。这是关乎全咨发展方向的核心问题，但却没有得到政府有关部门及工程咨询行业本身的足够重视和充分研讨论证。

从2020年起直到目前，住房和城乡建设部相关部门陆续组织起草和颁布了房屋建筑和市政基础设施项目《全过程工程咨询服务技术标准》（征求意见稿）和《全过程工程咨询服务合同示范文本标准》（征求意见稿）等文件，其他配套文件也在起草和制定过程中。笔者曾在中国工程咨询协会研讨会和期刊等多个场合采用多种方式发表意见和建议，首先文件名称为"技术标准"似不准确，宜称"技术和管理标准"或称"服务标准"最宜。笔者认为，更重要的是，上述征求意见稿未认可和强调全过程项目管理在全咨服务的核心地位和作用，与国家提倡全过程工程咨询初心和当前全咨服务项目实际做法和成果经验似不相符，且未呼应和吸收工程咨询行业和大多数项目业主广泛认可的"1+X"模式。

全过程工程咨询本质上是首先变"项目业主自管"为"委托项目管理"（这实际上是在为若干年来项目管理未得到正常发育和发展买单和补课），其次是让中标的咨询单位（咨询总包）在其资质范围内尽可能承担更多的专项咨询业务，既是为了减少业主方的管理协调界面和使项目信息链保持连续，更重要的目的还是使咨询单位不仅掌握业主方项目管理和咨询总包技能，同时也要精通

专项咨询技术和业务，及早做大做强，具备综合咨询能力和国际竞争性。

（二）浙粤争先，样板引路

令人欣慰的是，以全咨试点地区浙江和广东深圳为代表的全过程工程咨询先驱者，以敢为天下先的勇气，先试先行，在总结大量全咨项目实践经验的基础上，浙江省住房和城乡建设厅于2020年6月5日发布浙江省工程建设标准《全过程工程咨询服务标准》；2020年12月10日深圳市住房和城乡建设局发布《深圳市推进全过程工程咨询服务发展的实施意见》及配套文件《深圳市推进全过程工程咨询服务导则》《深圳市推进全过程工程咨询招标文件》（示范文本）、《深圳市建设工程全过程工程咨询服务合同》等征求意见稿；中国建筑业协会也于2020年10月15日发布团体标准《全过程工程咨询服务管理标准》。

浙江省《全过程工程咨询服务标准》规定：全过程工程咨询服务是由项目建设管理（即委托全过程项目管理——笔者注）和一项或多项的项目专项咨询组成的咨询服务，包括项目建设管理和项目专项咨询两部分内容。《深圳市推进全过程工程咨询服务发展的实施意见》规定：建设单位应充分认识项目管理服务对建设项目的统筹和协调作用，积极采用"以项目管理服务为基础，其他各专业咨询服务内容相组合"的全过程工程咨询模式。在其配套文件中明确规定：全咨采用"1+N"模式，1指全过程项目管理，为必选项。中国建筑业协会在《全过程工程咨询服务管理标准》中规定：全过程工程咨询服务模式宜采用"1+N+X"模式，1指全过程项目管理。此外，其他试点省份如广西、陕西、湖南等其全咨实施文件中也有类似规定和描述，不再枚举。

三、创新模式分析

（一）创新论据

从本文前述分析和统计，可总结归纳如下几点：

1. 全过程项目管理为全过程工程咨询服务的基本内容和必选项。

2. 工程监理是近年全咨项目各项咨询业务组合中出现频次最高的咨询业务。

3. 以社会主义先行示范区深圳为代表和标志的大湾区和东南沿海地区，全过程工程咨询服务项目招标和实践大量采用"全过程项目管理＋工程监理"委托模式。

（二）创新模式提出及论证

基于上述分析和总结，笔者提出今后全过程工程咨询服务的创新模式，即原"1+X"模式的内涵发生变化，1不再仅指全过程项目管理，而是扩充内涵，表示"全过程项目管理＋工程监理"，"1+X"模式也可升级表述为"管＋监＋"或"管监＋"模式，后面的＋与原模式中的X意义相仿，表示除项目管理和工程监理以外的其他咨询业务。"管监＋"模式之所以可以成为未来创新模式，除上述因素外，还有如下缘由。

1. 工程监理属国家强制推行的工程项目建设管理制度，大多数全咨项目为政府投资的大中型项目，按照相关规定，项目必须委托监理。

2. 工程监理和业主方项目管理具有天然联系。当初国家引进监理制度的初衷之一就是将国外先进的项目管理模式引入国内。首先，从业主方项目建设管理和委托合同的角度说，监理工作其实也是施工阶段项目管理工作的一部分。二者都具有代表业主方全天候在施工现场进行管理协调（三控二管一协调一履行）的共同特征，只不过侧重点不同、职责分工不同（项目管理侧重投资、进度控制，监理侧重安全文明施工管理、质量控制），项目管理的服务范围、工作内容更广而已。

3. 采用"管监＋"模式可以部分解决项目管理服务取费过低问题。目前，全过程工程咨询服务中项目管理的取费依据仍然为《基本建设项目建设成本管理规定》（财建〔2016〕504号）文，该取费标准多年来已被大量项目实践证明取费过低，满足不了全过程项目管理服务的成本费用支出，同时也严重挫伤了工程咨询行业参与项目管理和全过程工程咨询服务，包括工程设计单位参与建筑师负责制项目的积极性。

为解决此问题，广东、陕西、深圳等省市先后出台了《全过程项目管理服务取费指导意见》，将最高取费费率提高至3%。但由于种种原因，新取费标准并未得到实际执行。

因此，现实情况下采用创新的"管监＋"模式，项目管理按照504号文、监理参照670号文取费，可用本就不高的监理费用补贴亏损的项目管理支出，不失为一种权宜之计，实属无奈之举。

4. 鉴于具有监理资质的咨询单位已成为目前全咨服务的主力军，全咨之"项目管理＋工程监理"模式业已成为主要服务模式，因此，采用"管监＋"创新模式后，既顺应当前全咨发展的大趋势，又大大提高这类企业的积极性，对全咨发展具有积极意义，也是对市场选择的回应和尊重。

结语

综上，全过程项目管理是全过程工程咨询的基础和灵魂，在项目建设中具有不可替代的统筹和协调作用，任何不包含项目管理的咨询业务组合均不是全过程工程咨询。

通过前述现状分析和对未来发展趋势、创新模式展望，笔者坚信，尽管前路崎岖、曲折，但是山重水复疑无路，柳暗花明又一村，全过程工程咨询一定会沿着健康轨道，向着光明的未来快速发展和推进！

基于信息化手段的项目管理探讨

山西协诚建设工程项目管理有限公司

摘　要：文章阐述了山西协诚建设工程项目管理有限公司监理的某项目BIM技术和智慧工地系统等信息化手段的应用情况，分析了信息化手段应用的优势及要求，提出了监理单位提升管理水平的发展建议。

关键词：BIM技术；智慧工地系统；信息化；管理

一、项目简介

山西协诚建设工程项目管理有限公司（以下简称"公司"）承监的某制造基地建设项目的其中一个标段，主要由研发楼和试验楼组成，研发楼地上 10 层，地下 1 层，框架剪力墙结构，建筑面积 26540m²；试验楼地上 4 层，框架剪力墙结构，建筑面积 11933m²。建设单位要求必须使用 BIM 技术和智慧工地系统辅助进行现场管理。

本项目采用的信息化手段有基于 BIM 技术的信息平台＋物联网技术＋智慧工地系统。本项目的 BIM 模型和信息平台的建立、维护，智慧工地系统的部署由施工单位负责完成，BIM 咨询顾问方负责对施工单位提供的 BIM 模型进行审查，建设单位和监理单位以及政府主管部门基于 BIM 信息平台和智慧工地系统进行管理。

二、项目监理人员要求及现场配备情况

本项目在传统监理基础上引进了信息化手段，对于现场的监理人员数量要求没有以前多，但是专业要求全覆盖，并且要有使用信息化技术的基础，能在简单的交底培训后迅速上岗。

为了适应 BIM 技术的管理需求，公司成立了 BIM 工作小组，由了解相关软件应用的总监和土建、水暖、机电、安全等专业工程师组成，在监理过程中应用 BIM 技术协同管理，对施工单位提供的 BIM 模型成果进行现场比对、复核，辅助监理。项目监理人员上岗之前接受了公司对于 REVIT 建模软件的常规应用培训，并接受了施工单位关于信息平台使用的培训交底。

三、项目信息化手段使用介绍

（一）BIM 技术在项目管理中的应用

1. 辅助进行图纸审核

建立建筑、结构、机电、装修等专业的施工图模型，分别进行设计校核、碰撞检测，通过三维方式发现图纸中的错、漏、碰、缺与专业间的冲突。对于冲突问题，分类编制提交设计校核报告、碰撞检测报告。报告中标明模型截图、原图纸编号、碰撞位置坐标、碰撞专业等必要信息，报告信息反馈给设计方后，设计方进行设计调整，最后将调整后的设计内容更新到 BIM 模型中。

本项目应用 BIM 技术进行图纸会审发现了桥架与风管碰撞、桥架与桥架碰撞、水管与水管碰撞、风管与梁之间碰撞、各种管线间碰撞、多专业碰撞，走

廊部位风管过宽无检修部位等机电管线冲突碰撞问题，以及洞口尺寸不明、平面与立面标注不一致、门窗与梁之间碰撞等典型图纸错漏问题。在图纸会审时，通过这种可视化的模型直观显示问题所在，也可根据图纸会审修改意见更新后的模型最终复核图纸的准确性及可操作性。配合设计方解决总包提出的问题及提供侦错服务。BIM技术大大提升了沟通效率。

2. 辅助进行设计优化

1）管线综合设计优化

在保证机电系统功能和要求的基础上，结合装修设计的吊顶高度情况，对各专业模型（建筑、结构、暖通、电气、给水排水、消防、弱电等）进行整合和深化设计，同时在管线综合过程中，遵循有压让无压、小管让大管、施工简单的避让施工难度大的原则，进行管线的初步综合调整。初调完成后，利用模型整合软件进行机电管线的碰撞点检测，生成碰撞报告。对于一些简单的碰撞，项目内部进行沟通调整，但是有些涉及净高尤其是公共区域净高不足的情况下，及时通知建设单位进行协调，协商解决方案，然后再调整模型，直至综合模型在布局合理的情况下实现零碰撞。

2）辅助进行室外市政管网优化

根据室外管网图纸建立室外场地三维模型，提出室外管网的设计冲突，调整冲突，协助建设单位根据碰撞检测报告提出施工图设计优化、变更方案。利用三维模型的可视化功能检测室外管网与市政接口的冲突，提出设计优化方案。出具室外管网路由图、复杂管线节点剖面图，用于指导施工现场安装。

3）辅助进行设备机房深化设计

多数情况下，由于设备设计选型与合同图纸的设备外形不一致，原设计中设备的接口尺寸、形式等均有可能发生变化，故机房的施工图纸大多需要深化设计，深化时不仅要根据实际订货尺寸绘出设备基础图纸，更要根据实际订货尺寸给出设备连接的平、立、剖面图，并对各专业图进行综合、调整，在布置时要特别考虑现场维修操作空间，机房内要做到管线排布成行成列，排列整齐，间隔合理均匀，尽量采用共用支吊架，在满足功能的前提下做到良好的视觉效果和人性化处理。

3. 辅助进行施工组织设计（方案）审查

使用BIM模型可以模拟展示施工进度、施工工艺、施工组织。监理可以按设计要求和施工规范要求，通过BIM模拟展示的过程，辅助判断施工组织的合理性和可行性。尤其是在施工重点、难点部分的现场组织审查方面辅助效果比较好。

4. 实现工程变更方案评估和变更信息关联记录

首先，施工过程中，对施工图的设计变更、洽商在变更方案拟定阶段，通过创建BIM模型对不同的变更方案进行预先模拟，在模拟过程中，将工程量、资金以及相关材料数据录入模型，可同时查看各个方案带来的费用变化，从而评估确定各个变更方案的技术可行性和经济性。为优选变更方案提供技术支持。

其次，根据施工过程中的设计变更及现场洽商，实时调整BIM模型，保证BIM模型与现场情况动态一致。将变更通知单扫描电子档，与BIM模型相关联。随着工程的实际进展，完善在模型中尚未精确完善的信息，也便于实施信息追溯。

5. 实现施工进度实时统计管理

在BIM信息共享平台上将进度计划与模型进行关联，每周及时更新实时进度，模拟计划进度与实际施工进度对比，直观显示已完成的、进行中的、未开始的工作中有多少项处于正常状态、多少项处于延期状态、多少项处于提前状态（图1），简单明了地反映出现场进度的管控情况，有助于快捷找出管控重点，分析找出进度滞后原因，合理调整进度计划。

6. 实现质量、安全管理的预控和实时沟通

预先采用BIM技术，对需要安全防护区域进行防护策划，对于工艺过程进行模拟优化处理，并将其工艺步骤要求直观地演示交底，实现并达到事前防范的效果。图2为项目三维交底的例子。

在施工过程中，监理单位将现场巡检发现的质量安全问题实时通过手机或其他移动端传输到信息共享平台，实时系统内通知到相关责任人；整改后的结果也及时反馈。

7. 实现资料共享管理和及时归档

将施工过程资料上传协同管理平

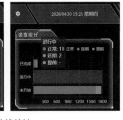

图1　项目实时进度情况监控统计

设备基础施工三维交底　　砌体施工三维交底

图2　三维技术交底样例

台，供各参建方实时共享和查看，有效提高了协同管理和效率。本项目信息管理平台资料归档区分建设单位、设计单位、施工单位、监理单位的管理资料，分类按照归档要求进行扫描上传，实现资料实时归档，如图3所示。

8. 物料信息跟踪

通过对不同构件制作生成包含构件尺寸参数、安装定位、材料来源等属性信息的构件二维码，进行物料跟踪。如混凝土构件可以记录浇筑时间、厂家、施工人员、旁站人员、混凝土坍落度等信息，在试块试验报告出来之后，若发现不合格的可以及时定位进行修补。

9. BIM技术+三维激光扫描技术辅助验收

建筑结构施工、大型预制构件加工拼装、机电管线安装、幕墙安装以及传统测量监视手段难以达到的安全死角，在施工现场监控检测、竣工验收等环节，利用三维激光扫描技术进行数据采集、处理和分析，并与各相关专业BIM模型相结合比对分析，辅助判断施工的精准度是否符合规范要求。

项目上利用三维激光扫描技术+BIM技术辅助验收的程序如图4所示。

（二）智慧工地系统辅助监管

1. 远程视频监控设备

远程视频监控通过视频监控系统及时了解工地现场施工实时动态和进度，安全防范措施落实是否到位，特别是对关键工序作业，实现对建筑工地进行的统一管理，能有效减少施工现场的管理成本，提高工作效率。视频监控系统的功能实现需要固定点位监控装置和移动监控设备共同发挥作用。固定点位监控装置主要设置在工地主要出入口、工地制高点、塔吊、施工作业面、材料加工区等部位；移动监控设备主要部署在重点施工部位，主要用于浇筑现场监控、临时物料监控；监控点位的设置根据进度情况进行调整。

通过智慧工地系统能够实现工地现场的实时监控、数据回传、远程应急指挥等功能。通过建筑工地管理的可视化系统，进一步落实项目各参建方的安全监管责任，提高管理者对工程现场的远程管理水平，加快项目管理层对工程现场安全隐患处理的速度。

2. 门禁系统和人员定位系统

利用实名制门禁、考勤系统和人员定位装置（运用射频定位技术，在安全帽中装置定位模块相关设备），对工地

的人员状况进行管理。在BIM平台上统计并记录现场人员安全帽中的设备信息，对项目施工过程中的施工管理人员及特种施工作业人员能实时读取人员位置信息和人员健康信息，以实现对现场人员的管控需求。

3. 塔吊检测设备

现场布置塔吊安全监控系统，实现塔吊安全运行相关参数的实时获取，包括运行时的重量、高度、角度、风速等信息，并对运算参数进行解算，确保设备状态处于安全阀值之内，对超限信息进行预警报警。通过该系统实现对塔式起重机和其他设备的状态监测、监督管理等功能。

4. 环境监测管理装置

通过环境检测监督管理工地环境。现场安装智能传感器设备，对施工噪点扬尘、风速、温度、湿度、$PM_{2.5}/PM_{10}$进行无缝检测，按照设定标准值，当监测系统中PM值超标时，系统在平台中对相关责任人进行报警。现场装配有智能喷淋系统，并实现与智慧工地管理平台智能联动。

5. 智能消防

施工现场生活区宿舍、办公区布置烟雾感应器，感应到烟雾时，报警信号

图3　资料共享平台　　　　　　　　　　　　　　　　　　　图4　三维激光扫描技术+BIM技术辅助验收流程图

自动传送到信息化管理中心,并通过声光信号警示管理人员,采取对应措施。

6. 巡检执法记录仪

监理人员根据项目需求配备便携式的执法记录仪,用于现场质量、安全巡查巡检使用。

7. 视频会议系统

本项目总承包方部署了网络视频会议系统,支持多方参会,有效解决了疫情防控人员不能聚集的情况。

四、信息化手段应用的总结思考

（一）信息化手段确实可以提高管理效率

BIM 技术和智慧工地系统的应用有效提升了管理和沟通效率,在预防质量安全事故方面起到了很好的作用,这一点不需要再赘述。

（二）信息化要求监理人员必须学习掌握 BIM 技术要求的计算机操作能力

BIM 技术一般不是一种软件可以实现的,需要多种软件结合应用才能达到实现三维显示、虚拟漫游、工程量实时统计、进度计划实时反馈等效果。建模人员和使用人员需要同时掌握软件操作要求及工程设计施工规范才能应用好。若是不会软件操作的人借助于 BIM 模型进行图纸审核,无法判别建模的准确性,那么基于此基础上的应用就无从谈起。比如管线综合优化时,如果制图规则和规范等掌握不好,模型中的管线就可能不符合应有的坡度要求；管线综合优化原则掌握不好,可能会出现排布错误这样的建模缺陷。

本项目建设单位聘请了专门的 BIM 咨询顾问方对 BIM 模型进行审核。我方监理人员在审核通过的 BIM 模型基础上实施管理。我们来设想一下,在 BIM 技术成熟应用之后,BIM 咨询顾问也就不需要单独聘请了,那么 BIM 咨询顾问所做的审查工作是不是就由监理来完成了呢？再思考一下目前监理队伍是否具备这一实力？BIM 技术的应用已是必然,那监理要如何适应呢？是不是要尽快培训学习提升计算机操作能力,成为电脑技术和工程实践同时掌握的复合型人才才能适应形势发展呢？

（三）监理企业引进管理平台进行企业管理也会成为趋势

智慧工地系统与政府部门的平台有接口对接,政府部门能够实时监控项目的施工情况和管控情况,那么监理企业学习引进管理平台与各个项目的智慧工地系统进行对接,也就能实时了解到自己企业监理项目的情况,长期来说对于企业节约管理成本和风险预警都有很好的作用。

诚信成就梦想，标准创造未来

——河南建达工程咨询有限公司诚信建设及标准化服务实录

河南建达工程咨询有限公司

人无信不立，企无信不兴。河南建达工程咨询有限公司（现吸收合并为郑州大学建设科技集团有限公司），是1993年批准成立的全民所有制企业，在27年的发展历程中，始终将诚信经营作为公司的核心理念，坚持"做好每一项工程，服务好每一个客户"的思想，确立"以服务质量求效益、以诚实信誉求发展"的企业价值观，建立了以诚信为宗旨的企业文化体系。公司多次被评为全国先进监理企业、河南省先进监理企业和诚信建设先进单位。公司以郑州大学为依托，重视科学管理，珍视社会影响和信誉，注重学习借鉴先进的项目管理经验，与监理工作规范化、标准化、信息化相融合，规范企业的经营，打造诚信经营重质守信的高质量发展企业形象。标准化一直是公司追求的目标，公司着力推动项目监理部的标准化建设，以此推动企业标准化建设全面开展。这27年，诚信建设使公司迈出了坚实的步伐，标准化服务让公司走出了广阔的天地。以下是公司的一些经验与做法，并分享了两个标准化建设的实例。

一、诚信经营是公司的灵魂和根基

诚信是在市场竞争中取得成功的基础，是公司无形资产的重要组成部分。诚信贯穿于公司经营管理的全过程，公司对内、对外的每一次行为，都体现着信誉和信用。

（一）严守合同契约，严格遵守《河南省建设监理行业诚信自律公约》，规范公司的投标行为，自觉维护监理市场秩序。2016年初，公司自愿签署《河南省建设监理诚信自律承诺书》，严格按照承诺书的要求进行投标工作，不参与以低价中标为目的的协商和谈判，不降低服务质量，与同行业兄弟单位公平竞争，合作共赢。迄今没有发生违背承诺书的行为，多次被评为"河南省建设监理行业诚信建设先进企业""河南省建设工程招标投标诚实守信单位"，受到了客户和社会各界朋友的信赖。在2018、2019年度郑州市建筑企业信用评价中，连续两年被评为"郑州市工程监理AAA级信用企业"。

（二）加强员工职业道德教育。在职业道德建设方面，公司组织员工认真学习"公司职业道德行为准则"，突出道德约束的力量。通过抓教育、搞培训，不断提升员工的职业道德意识，把职业道德建设纳为企业文化建设的体系之中，把员工的技术和诚信教育培训列入公司的年度经营计划和企业发展规划中，每年初确定培训内容、目标、课时，拨出专项费用，由公司和分公司两级组织实施。

（三）建立诚信奖罚考核机制，树立诚信道德楷模。公司建立了"诚信建设规章制度"，并将这一制度渗透到经营管理的各个环节，每年年终对员工在廉洁自律、服务质量、工作态度、安全生产、关心他人和参加公益活动等多个方面逐一进行考核，为员工诚信服务明确了方向。

（四）建立诚信服务的企业文化体系。公司大力加强党支部及工会建设，发挥党员带头作用。公司党支部与工会密切配合，培育和发扬"义利兼顾，德行并重，回馈社会"的精神，广泛开展党员教育及各类公益活动，加强员工的思想道德教育，树立正确的人生观、道德观和价值观。公司在不断发展壮大的同时，不忘回馈社会，积极投身公益事业。扶贫助学、抗震救灾、疫情防控、红十字会捐款、救助困难员工……通过这些公益活动，使员工树立正确的价值观，把爱带给别人，把公司的优良传统传下去。

社会呼唤诚信，时代推崇诚信，企业更需要诚信。建达公司坚持以诚信作为服务广大客户的宗旨，时刻牢记诚信是企业的生命线。

二、标准化建设是公司发展的助推剂，是实现可持续发展的必由之路

公司在不断发展的同时，更加注重"规范、标准"这两个关键词，因为只有做好这两点，企业才能实现持续发展。管理的规范化、标准化一直是公司追求的目标，公司建立健全了各项规章制度，积极推进精细化管理，标准化建设工作，用统一的规章制度规范行为，优化流程，梳理、整合、完善公司内部目标考核、运行标准、流程体系、行为规范等规章制度，使公司制度建设涵盖到行政管理、财务管理、经营管理、工程项目管理、人力资源管理等各个方面和每个环节，形成系统化制度体系。同时，充分利用信息技术手段，提高管理效率，WBS 的应用将项目现场工作层层分解，帮助项目总监和项目团队有效地开展项目管理工作。对于所监工程项目现场监理标准化建设，通过两个管理案例来展示。

案例一：标准化建设助力公司诚信经营

项目（中原新区北部片区改造项目的付庄安置区工程）位于郑州市中原新区，共两个建设地块，公司监理总建筑面积 48 万 m²，同时应建设单位要求承担整个中原新区北部片区其他地块和城市道路监理的牵头工作。本项目标准化建设包括：

（一）项目监理部临建及展示公司形象的建设

1. 为了改变以往的在建设单位或施工单位临建内办公、住宿的模式，真正独立自主开展监理工作；项目中标后就筹划建设项目部事宜，应用 BIM 技术对临建进行精细化设计，既满足正常功能，

也避免了建设过程中的材料浪费或返工，建设一步到位。

2. 严格按照公司视觉系统手册对展示公司形象的字体、各种标牌、司旗进行加工制作和安装。设计图纸、档案柜摆放区域、安全帽和反光背心摆放位置、公司各项制度牌、监理操作流程牌、现场平面图和进度计划牌的安装高度和位置要确保协调统一。

（二）管理制度建设

1. 内务管理建设

为维护监理部良好形象，保证一个好的办公和生活环境，监理部根据总公司和分公司的有关管理制度，结合现场实际编制了一系列的管理制度，如办公室管理制度、会议室管理制度、员工宿舍管理制度、餐厅和厨房的管理制度以及卫生间、淋浴间的管理制度等。

2. 内部学习建设

主要从四个方面来开展：①积极展开公司的安全、技术交底，设计图纸和图纸会审纪要，图集、规范的学习，确保项目部成员掌握监理工作程序、工作方法，了解设计意图，熟悉有关图集构造做法及规范有关内容；②新规范的学习，通过学习新规范并且与老规范做对比，来加强变化部分的重点理解和掌握，更好地确保现场管理不脱节，与时俱进；③对总公司、分公司有关通知文件的学习，围绕公司的政策、通知文件进行学习，提升监理部人员整体业务素质，并按照文件指示精神开展监理工作；④对公司总经理、总工室、工程部等有关部门分享的文件学习，有很多内容都是监理知识点的汇总，凝聚了创作者的心血和分享者的良苦用心，既省时又省力。

3. 资料管理

对资料管理以及与建设单位、政府

主管部门的资料往来，严格按公司管理制度汇编执行，确保资料整理的及时性、准确性和用语的规范性，如监理如何审批施工方案、检验批资料，如何编写会议纪要、监理月报、监理通知单等内容。严格执行公司编写的标准化表格样板的相关内容，严格执行相关规范的有关要求。

4. 信息化平台的应用

公司与时俱进，开始接受这一项繁重但又不得不做的事情，并慢慢发现其实系统还是特别重要的，它就像备用资料库可以发挥出巨大作用。

（三）团队文化建设

监理部在团队文化建设方面主要从以下几个方面着手：①每周阅读分享：好的故事、好的常识、好的名言警句；②健身运动：团队关怀不是喊口号，落到实处才重要，将健身运动作为团队活动，大家集体来做，有较好成效；③无烟办公：集体工作、生活必须考虑集体利益，严格的禁烟制度很有必要，使不抽烟的人不再受二手烟的危害；④聚餐：菜根谭里有句话："闲时吃紧，忙里悠闲。"团队在一起，吃个饭、喝口酒，是对自己的辛劳、压力的释放，也能相互诉说倾听。

（四）现场管理

严格按照监理规范，及公司的有关管理文件、操作手册审批通过的监理规划等文件要严格执行和落实；遵循动态控制原则，坚持预防为主，制定和实施相应的管理措施，坚持精细化管理；督促总包单位编制创优方案；坚持方案先行、样板引路；结合工程特点合理划分监理部各人员现场岗位和分工；严格落实三检制度，加强过程管理，建立质量问题处理台账，实施定人、定责制度；

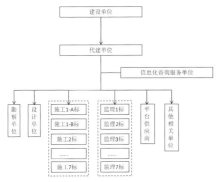

图1 项目组织架构图

建立有效的安全文明施工检查制度；结合新形势加强扬尘污染防治方面的常态化管理；重点做好重大危险源的事前验收、事中跟踪工作，实施安全隐患一票否决制；坚持现场工人进场前三级教育到位。

案例二：BIM 协同管理平台融合标准化管理

项目（郑东新区天府路以东科学大道地道及两侧道路工程，以下简称"科学大道"）是城市快速路工程，结构形式为暗埋段 + 敞开段 + 镂空段 +U 槽段穿插设计，全长约 6.243km，工程投资约 30 亿元，8 个施工标段，7 个监理标段，公司承担了信息化咨询和其中部分标段的监理任务。项目组织架构如图 1 所示。

科学大道项目标段众多，点多线长，施工难度大，对各专业配合度要求高，概括如图 2 所示。

针对科学大道项目本身的特点及施工重难点公司提出基于 BIM 技术的信息化协同管理平台融合标准化管理的创新应用，目标为"制定一套标准化体系，搭建一个支撑平台，开展各项工作集成化应用"。

（一）实施策划

1. 制定一套标准化体系

在总结以往优秀项目经验的基础上，反复讨论研究编制完成科学大道项

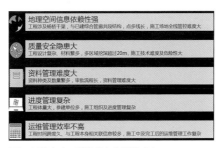

图2 长线市政工程的信息化管控难点

目现场管理配套标准化（"安全与文明施工标准化""施工管理标准化""监理管理标准化""工程资料标准化""现场管理制度"）及 BIM 协同工作开展应用标准化（"BIM 模型标准""平台应用标准""平台操作手册"）。

2. 搭建一个支撑平台

搭建 BIM 协同管理平台，将标准化活动与信息化平台挂接，突破传统项目管理模式，以大数据信息共享进行全过程管理，以工程构件为精细化管控对象，以虚拟施工为技术手段，进行项目质量、安全、进度、计量、档案等可视化、集成化、协同化管理，实现基坑变形监测，材料、构配件及设备验收、隐蔽工程数据采集、检测试验、质量检查、安全检查、进度管理、计量管理、过程验收、信息存储、远程视频监控等技术在工程建设中的

协同整合应用，确保实施过程公开透明、工作连续、可追溯、工程信息完整，促进参建各方内、外部管理水平不断提高。

3. 开展各项工作集成化应用

科学大道 BIM 协同管理平台是服务于业主方的工程项目管理平台，平台跨越完整的生命周期（贯穿从策划、设计、采购到建造、交付和运行整个寿命期管理），实现从业主、勘察设计方、监理方和施工方及其他相关方（混凝土搅拌站、基坑监测等单位）等一体化的协作，同时向质监站开通平台账号管理权限，各标段通过平台实施质监报验。

整个平台主要基于四个应用点，BIM+GIS 技术、信息化技术、物联网应用和协同管理，全部工作的开展又以标准化为基础，通过配套的标准化管理体系，指导 BIM 技术、物联网及协同管理工作的管理实施。

（二）实施路径及具体应用

1. 实施路径

各标段参照标准化管理体系，基于 BIM 模型、物联网技术、协同管理开展业务，将标准化现场管理动作及行为录入平台，通过平台内置流程抓取的数据对比反馈标准化应用执行效果，如图 3 所示。

图3 平台内置流程抓取的数据反馈执行效果

具体实施路径如图4所示。

2.具体应用

1）BIM+GIS应用

根据该项目在平台的应用程度，模型的精细程度及编码命名要求细分至最小工程部位。利用地理信息软件、倾斜摄影等技术建立真实可靠的地形环境（图5）。BIM+GIS使其更符合工程实际，将整体模型导入BIM协同管理平台中，作为一切应用的重要基础。

根据已有的施工组织方案安排技术交底内容，对施工重难点部位、工序进行三维动画模拟及三维技术交底（图6）。各方人员可以直观地了解工程进度安排，明确施工的先后顺序，指导施工的同时做好质量预控。

2）物联网应用

将基坑监测单位、混凝土搅拌站、智能安全帽、全标段线上视频监控等接入平台。基坑监测数据实时与平台挂接，全标段可单标段实现在线数据预警，安全监测。安全帽定位系统接入平台辅助管理人员对现场人员的在线管理和考勤。全标段线上视频监控，随时随地辅助管理人员进行工程总览，及时了解工程进度，辅助进度管理及现场安全文明扬尘治理。

3）信息化协同管理

平台自动抓取日常工作信息，以满足本项目质量、进度、安全、成本、文档、现场等管理的要求，同时，平台通过内嵌的表单模板及审批流程，应用电子签名，实现线上通过平台分级向质监站实施报验，极大地提高了工作效率及监管质量，确保数据真实可靠，倒逼施工、监理做好各自职责内的工作。

针对工地现场管理的需求，提供各方快捷的交流互动平台，并且对周例会等进行线上图文准备，为各方展示成果、问题提供便利，对整体效率进行提升。对于各类巡检也提供数据录入端口，解放效率较低的线下工作，提高整体工作效率。

（三）保障措施及实施效果

为确保平台数据的正常运转，针对各标段平台是否正常应用制定相关管理制度，每周进行一次评价，每月进行一次总结，对各标段进行评比奖惩，平台报验直接接入质监站。由于科学大道项目全面的制度、组织、配套体系完善，加之平台的可追溯和威慑性作用，有效保障了平台的实施运行和标准化工作的落地。

平台融合标准化管理在科学大道项目的成功应用是大数据时代下信息化技术与标准化管理的一次有效融合，将业主对施工"一对八"的管理分散转化为"一对一"的集中管理，同时监督约束了各方自身的管理行为，各标段、各部门，参照制定的标准化内容，各司其职，规范管理，极大促进了工程整体管理水平。

结语

诚信经营是公司的灵魂和根基，标准化建设是公司发展的助推剂。将信息化与标准化融合的创新发展让工程监理在建设单位和各参建单位面前树立和维护了监理诚信经营、履职尽责的良好形象，是公司与时俱进、诚信经营的新的康庄大道。

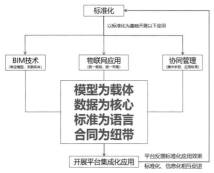

图4 实施路径图

图5 平台实时三维地形环境图截图

图6 三维视频技术交底截图

推进企业标准体系建设，提升监理咨询服务质量

武汉华胜工程建设科技有限公司

摘　要：本文重点阐述了企业标准体系建设对提升监理咨询服务质量的支撑作用。通过对华胜企业标准建设五个阶段的回顾，说明了企业标准对监理企业发展的影响，以及企业标准对具体项目的监理服务过程改变，并从业主需求、业务整合、数字化转型三个方面，提出了下步企业标准体系建设发展的新思路。

关键词：企业标准；监理服务；信息化平台；数字化技术

监理企业如何转型发展，怎样保证监理人员履职尽责，如何解决规范市场守信践约等问题，一直牵动着我们行业有识之士的心。中国建设监理协会年初倡议开展"推进诚信建设、维护市场秩序、提升服务质量"活动，是集众人之智、聚众人之力，探索促进监理行业高质量可持续健康发展之路的重要活动。作为武汉监理与咨询行业协会会长单位，武汉华胜公司始终强调"法规标准意识"，注重"以服务求支持，以创新求发展"为基石的企业文化建设，用"沉到底、抓落实、不出错"的工作作风，按照监理工作内在逻辑关系，剔除影响工作质量和效率的内容与环节，构建起以国家法律法规、标准规范为依据，遵循中建监协团体标准，借鉴相关地方工作标准，覆盖华胜全过程监理服务链的企业标准，以求实现"聚焦业主需求、引领行业发展、履行社会责任"之目标。

一、华胜公司企业标准体系建设历程

（一）以《工程建设监理规范》为企业标准的初创期

华胜公司在创立之初，与大多数初创企业一样，存在缺市场、缺资金、缺人才、缺制度、缺管理等一系列棘手问题。面对得之不易的监理项目，只能发挥个人的工程管理经验，针对不同特点的项目边学边干，《建设工程监理规范》GB/T 50319—2013（以下简称"规范"）就是我们的企业标准，如何能够按照规范要求落实监理职责是我们当时最重要、最急迫的事情。由于对规范学习理解不够，员工素质能力参差不齐，加之规范不可能回答我们工作中遇到的所有问题，这个阶段仅是按照规范解决工作中的"有无"，现场监理缺乏主动作为的方法手段，项目监理服务质量往往由某个人能力来决定，而非由企业服务技术产品标准来保证。

（二）导入ISO国际管理体系标准的阵痛期

为了寻求适合于华胜的服务技术标准之路，增强员工法规标准意识，约束并规范执业人员工作行为，导入ISO管理体系标准，在2002年专门成立体系运行部，发布了华胜第一版贯标体系文件，清晰定义了企业管理方针和管理目标，运用PDCA原则，从公司行政、市场、资源、技术、项目等职责入手，对监理自产文件类别、内容、格式，监理关键特殊工作流程，监理履职尽责的记录表单等，按照质量管理、职业健康管理、环境管理等标准的要求进行界定与明确，并衍生出项目监理机构检查、员工个人绩效考核等标准。这个时期公司贯标体系文件就是企业管理标准，期间观念冲突、思想矛盾等因改变带来的阵痛不断，但监理工作水平、监理档案管理、客户满

意度等得到改善，企业用标准促进监理服务质量提升的作用初见成效。

（三）保持定力应对外部挑战的更新期

随着我国城市化进程加速，监理市场规模、监理企业数量快速膨胀，市场同质化竞争愈来愈激烈，当时还很弱小的华胜公司基于对未来生存与发展的思考，本着"守法、诚信、公正、科学"的执业准则，发出"打价值战不打价格战"倡议，明确监理工作应"内强素质外树形象""做优做强"，有选择性地参与市场竞争，聚力发挥在公共建筑、市政公用设施项目的优势，及时总结在监、在管项目得失，提出"用项目管理思想和方法做好监理工作"新思路，即从业主角度出发，变"等、靠、要"为"（筹）谋、（执）行、（结）果"。这个阶段更新了市场经营、企业风控、监理方法上的做法与思路，企业服务标准体系建设聚焦在"优"和"强"上，虽然公司发展规模受到了一定限制，但华胜服务标准体系已被注入"忠诚业主，信守承诺"诚信基因。

（四）外求内学深耕细作积蓄能量的孕育期

《国务院办公厅关于促进建筑业持续健康发展的意见》（国办发〔2017〕19号）对建筑业持续健康发展，打造"中国建造"品牌提出了具体的指导意见。我们通过长达两年多的收集整理与研究分析，针对项目一线遇到的难点和痛点问题，本着"好用、能用、会用"，编纂了华胜全过程工程监理系列标准，根据不同阶段、不同工作内容，重点定义了项目执行层与公司职能层横向与纵向关系，对工程目标实现过程、质量安全关键点与特殊项、流程步骤与方法措施等进行了分解、定义、细化和关联，梳理了项目技术、管理、合同、档案信息等之间的逻辑关系，

明确了质量、安全和市场行为的风险点与应对方法，清晰地画出了监理执业底线和红线。在"埋头拉车"的同时，积极参与国家、行业和地方的标准起草工作，重点涉及监理流程、技术管理、监理取费、人员配置、企业信用评价、招投标示范文本等内容，通过与外界交流学习，汲取头部企业的先进经验，对企业服务技术标准版本的内容进行了三次大的调整升级。这一时期，在市场经营、过程管控、检查考核、档案管理、结算审计等管理过程中，业业服务技术标准已逐渐成为企业提升监理服务质量的重要抓手。

（五）数字化技术助力企业标准落地的成长期

通过学习、开会、宣贯、检查、考核等方式落实标准，业已证明其耗费较大、收效甚微，必须用新的手段尽快让标准落地。早在2014年，为了紧跟数字化发展步伐，落实"建标准是为了用标准"这一要求，公司成立了以落实企业标准、研究更新监理服务手段为主要任务的BIM中心，并于2018年成立了涵盖信息化平台研发、BIM技术与设备应用、企业标准研究与转化的企业数字化中心，利用"端、边、云、网、智"等数字化技术，自主重新研发出"工程监理协同管理平台"，将企业标准从花瓶里、档案盒中"请"出来，内嵌到我们平台"编、审、查、管、报、记"功能模块中，将现场日常巡视、旁站、平行检验、监理日志、监理指令、安全巡查、隐蔽验收、材料报验、开（复）工令等活动在标准流程中固化，并与各类工作表单相关联，利用数据这一生产要素驱动监理服务工作，做到了"现场工作手机端完成、办公室工作PC端解决"，企业标准得以落地，项目监理工作可系统地量化考核评价，为企业提供了不断持续改进监理服务质量的路径和方法。

二、企业标准在监理项目实施应用情况

目前公司编纂的监理工作系列标准是以华胜监理工程协同管理平台为载体。经过两年多的试运行，现已在所有监理项目中得到全面应用。

（一）企业标准的主要内容

针对监理业务板块，华胜企业标准包括"监理工作标准化示范文本""监理工作流程标准化""监理工作成果标准化"三个大类，涉及"综合、房建、机电、市政、安全"五个分项。针对当前社会和业主最为关注的工程建设质量和安全等热点问题，本企业标准较规范进行了重点详细规定，并对施工组织设计文件、施工方案、危险性较大分部分项管理等分散在国家地方行业规范、标准中的内容进行细致收集整理，并自定义了审查流程与表单。

（二）监理项目应用情况

某大学新校区图书馆项目，总建筑面积56 835m^2。开工时间2016年12月9日，竣工时间2019年5月17日。质量目标为争创国家优质工程奖。

1. 企业标准提升监理前期策划工作质量

本企业标准规定按任务界定、任务分解、优先排序、关键分析、资源管理、综合确认及组织实施七个步骤，做好监理前期策划工作。本项目监理部依据设计图纸和施工组织设计文件，辨识出该工程共计10个分部工程、211个分项工程、3121个检验批，利用平台勾选功能，输出了本项目各类报验、报审清单目录。在安全管理前期策划中，针对主体结构复杂，中庭内高度达45.65m，连廊平面定位呈逐层反复交替，屋面结构最大落差6.3m、最大跨度26.4m、最大坡角27°等结构特

点,以及外墙装饰由全玻璃幕墙、不等厚异形石材和小型玻璃单元组成,外形造型穿插交错等控制重点,按照企业标准规定,在监理策划阶段,明确本项目包括深基坑、高支模、起重吊装、悬挂脚手架、施工吊篮等在内的危大工程内容,并按照企业标准步骤和要点,平台中的相关提示,制定了有针对性的安全管理系列文件,保证了监理前期策划工作质量,对质量安全重点项、特殊项工作提前把控,增强了监理工作主动性,消除了以往监理被动工作引发的业主矛盾。

2. 企业标准促进项目团队建设

根据监理服务标准中公司职能部门与项目监理机构工作流程,项目总监和部门负责人在线上完成项目监理部组建工作,制定出不同施工阶段人员和工器具配置计划,利用平台资源共享功能,项目监理机构所需的各类人员、设施、设备文件,如授权任命文件、各类证书、社保证明及检定资料等随即生成,员工岗位和职责标准简单明确,项目总监根据不同阶段工作任务和工作标准分解到人,并利用短信通知及时提醒,有效地保障了项目部监理服务质量。

3. 企业标准规避个人执业风险

对于监理工作中的重点关键项工作,设置企业标准硬性前置条件。例如,本项目业主代表因为工期压力,要求按照施工合同签订日签发开工令,而为了防止因不按标准要求随意签发开工令,而导致被建管部门处罚的情形发生,项目总监根据企业标准中的前置条件,坚持必须满足企业标准规定才能签发,虽然招致业主的强烈不满,但有效规避了市场行为检查中的执业风险,且因建设报规、报建手续合法合规,本项目顺利地获得了 2020 年度国家优质工程奖。

4. 企业标准保障监理过程服务质量

本企业标准注重表达工作单元之间的清晰逻辑关系,强调各类记录表单间相互印证。本项目在桩基嵌岩深度、岩样留存,土方开挖回填,原材料规格型号品牌,机电设备参数型号等方面,保存了完整流程和表单附件,且能在平台上实时查询;监理日常工作记录如监理日志、巡视、旁站记录、监理指令、验收资料等相互关联,且留存符合企业标准的工程图片、视频作为佐证,并设置了逾期不可更改的限制,真正做到"今日事今日毕"。这些完整可追溯的证据信息,给本工程跟踪审计、结算审计单位带来了极大便利,本项目业主对监理服务质量给予了充分肯定,在高校基建交流中向其他业主推荐了华胜公司。

(三)标准 + 平台增强监理人员自信

本企业标准在监理项目应用中还处在更新迭代调整阶段,但一线监理人员现已养成了"查标准上平台"的工作习惯,监理工作差错率明显下降,年轻监理人员的能力和自信得到提升,总监工作压力得到明显缓解。前面案例中年轻的总监及团队按照企业标准指引,通过向业主宣传本企业标准和平台,使业主能随时随地,第一时间掌握监理一线工作状况,让业主认识到监理工作在本项目中的重要性,对该项目监理工作给予充分授权和信任,监理逐渐掌握了本项目的"话语权"。

三、对企业标准体系建设的三点思考

(一)聚焦业主需求,发现客户价值

企业标准体系建设最初是针对自身质量、效率等问题,提出解决方案,制定流程步骤,以风控与品控为主,解决规范化问题,而我们更应"跳出行业看市场,跳出企业看客户",从客户需求端出发建立企业标准体系,不仅研究客户功能需求,也要研究客户情感需求,还应关注业主隐性需求,这样建立的企业标准体系解决的是精细化和个性化管理问题,如此才能形成"人无我有"的核心竞争力。

(二)创立企业管理标准,打造全过程服务能力

监理服务范围已不能仅局限于施工阶段,目前已经延伸至方案设计、初步设计、勘察等阶段,为业主 EPC 项目提供服务。因此,监理企业在整合内部资源、管理流程的同时,应在企业整体管理层面对服务技术标准进行统合,创立企业管理标准,打造监理企业高度整合的全过程服务能力。

(三)构建数字型企业标准体系

世界正处于所谓第四次工业革命的早期阶段,融合发展的数字技术正在将数字世界和物理世界融合在一起,城市的智慧化程度将愈来愈高,数字经济将提升建筑业技术、管理与决策水平,可以预期将倒逼监理企业向数字化转型。我们需要重新审视企业标准体系中基于对既往活动分析得来的流程、规章制度和工作实践,利用数字化思维、技术,重新规划设计当前活动,采集数据并进行结构化处理,脱离渐进式改进转向整体的阶跃式变革,构建数字型企业标准体系。

结语

企业标准体系建设是不断提升监理咨询服务质量的保证,企业标准体系体现着监理企业的专业能力,也代表着企业守信践约的实力。因此,企业标准体系建设对规避人员履责风险、增强企业竞争力、提前数字化转型布局、促进企业产业链发展都具有重要的现实意义。

大连LNG接收站工程PMC管理经验交流

北京兴油工程项目管理有限公司

北京兴油工程项目管理有限公司（以下简称"北京兴油"）成立于1994年9月27日，目前拥有工程监理综合资质、设备监理单位资格、对外承包工程资格及设备驻厂监造资格。公司自2007年至今，已在油库、储备库、长输管道、油气田地面、LNG、炼油化工等不同业务领域承接了大、中型建设项目的项目管理业务（PMC）59项，累计合同额44381.3万元。

北京兴油通过由监理业务向项目管理业务转型，遵循"以计划管理为主线，以设计管理为龙头，以采购管理为保障，以施工管理为基础，以安全管理为根本，以质量管理为核心，以造价管理为手段"的原则，既可以提供"集工程监理、设计管理、采购管理、造价咨询、招标咨询为一体"的全过程项目管理服务，也可以向业主提供"菜单"式的专业化技术服务。通过提供专业、系统、灵活的项目管理咨询服务，公司不仅向施工监理的上下游延伸了业务链，还取得了较好的经济效益，也促进了项目各项管理目标有序推进，稳步实现。

本文以大连LNG接收站工程为例，介绍北京兴油在项目管理过程中的一点心得。

一、大连 LNG 接收站工程（一期）概况

大连 LNG 接收站（一期）是中石油第一个 LNG 接收站项目，也是中国第一个完全"自主设计、自主采购、自主管理、自主施工"的大型 LNG 接收站项目。一期工程建设规模为 300 万 t/ 年，设计供气能力 $4.2 \times 10^9 m^3/$ 年，工程投资估算 58.3577 亿元。

大连 LNG 接收站项目与同类工程相比，占地面积小，施工场地受限；海域海况复杂，有效作业天数少；冬季有 3~4 个月不能施工，对安全、质量和进度影响大。中石油为打破国外同行业在 LNG 全包容储罐和工艺设计的垄断，实现 9%Ni 钢板国产化，掌握 LNG 储罐主要施工工法，培育专业的管理人员，保证项目安全、质量、投资、进度等管理目标的实现，决定采取"业主 +PMC（含监理）+EPC"的建设模式。

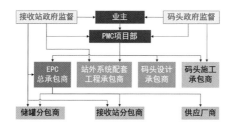

二、PMC 项目部的组织结构及职责分配

北京兴油牵头与日本东京燃气工程株式会社（以下简称"TGE"）、天津大港油田集团建设监理有限责任公司（以下简称"天津大港"）、大连港口建设监理咨询有限公司（以下简称"大连港"）共同组建 PMC 项目部。

PMC 项目部分为 PMC 总部及专业监理部：

1. PMC 项目部，设综合部、QHSE 部、技术部、采办部、投资合同部、文控信息部及 LNG 专业技术咨询团队和设计审查团队。

2. 专业监理部，设码头监理、LNG 接收站监理、储罐监理。

三、PMC 项目管理工作方式

大连 LNG 接收站项目是北京兴油承接的第一个 LNG 接收站项目，第一次牵头组织此类联合 PMC 团队，公司既缺少同类工程技术经验，也缺少同类工程的管理经验。因此，如何依靠北京兴油的管理优势，充分发挥联合团队技术优势，既能做到抓住项目关键控制点，又

PMC项目部业务部门及参与方业务管理界面表

PMC项目部组织机构	参与方	工作界面/管理职责
PMC项目经理	北京兴油	负责PMC项目部的组织协调管理
LNG技术咨询团队	TGE	负责与LNG储罐、工艺、设备有关的技术咨询工作
综合部	北京兴油	负责项目进度管理，组织其他各部门及监理部开展各项工作
QHSE部	北京兴油	负责项目QHSE管理，组织监督检查工作
技术部	北京兴油	负责设计管理、技术支持、业务咨询等工作
采办部	北京兴油	协助开展采购招标、设备监造、物资进场等工作
投资合同部	北京兴油	负责建设项目投资控制、合同管理
文控信息部	北京兴油	负责PMC项目部往来函件管理；建设项目竣工资料管理
码头监理部	大连港	负责码头区域（土建）施工监理
接收站监理部	北京兴油	负责LNG接收站工艺区施工监理
储罐监理部	天津大港	负责LNG储罐施工监理

能满足业主的关注重点；既能保障项目有序推进，又能合理降低投资；既能实现项目建设基本目标，又能实现"四个自主"管理目标，是摆在北京兴油人面前的问题。

为此，北京兴油决定采取"以计划管理为主线，以设计管理为龙头，开展项目管理服务"的思路。

（一）综合部以计划管理为主线，统筹各项管理有序开展

以往施工监理部的计划管理多是"被动"管理，主要是定期收集施工进度，表述进度偏差值，或达到阈值时预警。PMC项目部的计划管理，则是变"被动"管理为"主动"管理。例如：

1. 协助业主建立完整的进度计划管理体系，组织设计、采购及施工等各部门紧密围绕计划开展各项工作。

2. 既要认真审核承包商三级计划间的衔接关系，还要组织相关方编制三月滚动计划，并监督实施情况。

3. 既要密切跟踪设计、采购及施工的所有进度信息，更要对照三月滚动计划，对关键节点或阈值预警。

4. 定期编制进度分析报告，既要分析本期进度偏差原因，还要结合设计、采购及施工间的对应关系，对后三个月关键环节提出预警、改进建议或预防措施。

这样，通过以进度为链，将设计、采购及施工三个阶段有序地衔接，既保证各项工作开展前必要的条件得到落实，同时杜绝盲目赶工期、违反施工工序的情况发生。

（二）技术部以方案优化为主，开展各项技术支持工作

PMC项目部树立"设计管理为龙头"的项目管理思路，扎实开展设计管理和技术咨询工作。因此，PMC技术部的工作重点和工作方法与以往设计监理不同。以往的设计监理主要是跟踪设计进度，组织设计文件审查，而PMC技术部则以技术咨询为重，以设计管理为辅，设计审查只是设计质量的保障环节之一。

1. 技术部整合技术资源，提供设计方案优化工作。使设计方案更合理、生产工艺更先进、工程造价更省、施工方法更便捷、质量安全更受控。

2. 技术部整合技术资源，组织开展科研课题研究。获得更精确的科研数据，如海洋潮汐、更适宜的建筑结构形式等，为设计方案优化、设备选型提供基础数据。

3. 协助开展设计投标管理工作。组织设计招标工作，推荐中标候选单位和设计方案，开展设计单位及设计人员资格审核工作等。

4. 强化设计进度管理。将设计计划与采购计划、施工计划紧密衔接；对设计单位间、设计专业间的输入、输出进行过程管理。

5. 强化设计质量管理。重点审查与分析基础资料、设计提纲、计算书、施工图设计文件、设备技术文件等。

6. 提供技术支持服务。为业主及相关方提供关键施工工艺方案、投产试车方案审查，在施工过程中提供技术指导等工作，确保建设项目"一次做好"。

（三）采购部以关键物资管理为主，重点做好选商工作

PMC项目部采购管理，不同于监造监理只负责驻场监造、检验出厂物资的管理模式。而是以关键采购物资，特别是长周期采购物资为管理主线，开展建设项目关键设备设施、大宗物资材料的全过程管理工作。

1. 协助业主开展关键设备设施、长周期机械设备、大宗物资供应商比选工作。

2. 协调技术部门参与与主要设备材料厂商的技术交流，确认厂商与设计间技术互提工作。

3. 根据技术规格书、MR文件，开展CFRE、CFE方式采购物资招标工作。

4. 负责甲供、EPC采购物资的催交、工厂检验、运输、报关、商检及交付工作。

5. 协调厂家安装、技术指导人员到场开展相关工作。

（四）投资合同部及早介入，全程参与，做好投资控制

PMC投资合同管理不同于施工监理的费控管理。施工监理的费控管理只是对EPC或施工承包商的变更费用、工程进度款支付进行审核，而PMC投资合同管理贯穿建设项目全过程管理，如：

1. 协助编制项目投资分解和工程款支付计划，建立工程进度款支付管理原则。

2. 协助编制EPC、施工承包商的招标标底，审核投标人投标报价。

3. 与设计部、采购部、综合部及QHSE部沟通，根据承包商绩效考核情况、工程量核算情况、变更费用与工程索赔情况进行进度款支付。

4. 定期向业主提交建设项目投资成本报告，报告投资与合同执行情况。

（五）QHSE部以质量安全为根本，促使相关方监管责任归位

1. 协助建立项目总体质量和HSE管理体系，明确参建方质量和HSE管理界面、监管职责。

2. 审核相关方质量和HSE管理体系建立、资源投入情况，确保相关方建立健全有效的质量、HSE管理体系。

（六）充分整合外部资源，以己之长补己之短

1. 外方技术咨询团队。对设计、采办、施工、试车开车全过程管理提供技术咨询服务，如参加关键设计评审（如工艺流程图、管道仪表图和因果图等）、安全评审（如HAZID、HAZOP、管道

3D图等）、LNG关键技术管理，还包括LNG工艺、储罐、自控系统设计与采办关键参数的确认与咨询等。

2. 中方设计专家。主要对非LNG工艺，如总图设计、建筑结构、码头工程、取排海水工程、公用工程及外输工程等设计文件的合规性，施工图设计的合理性、安全可靠性等进行审查。

3. 其他技术资源单位。受业主委托，牵头组织参建相关方、国内知名设计单位、科学院所开展科技创新工作。

四、管理成效

（一）QHSE管理

通过建立"四级"QHSE防控机制，明确属地责任，实行监管分离，促使相关方监管职责归位，推动各级质量和HSE管理体系的有效运行。本项目安全生产累计实现1510万小时，被集团公司评为安全生产先进单位；质量工程合格率100%，单位工程优良率97%，试车与投产一次成功。

（二）项目进度管理

PMC项目部采取"计划管理为主线、设计管理为龙头、采购管理为保障、施工管理为基础"的管理思路，始终坚持"平稳、均衡、效率、受控、协调"的原则推进项目进度。因此项目建设始终处于受控状态，关键节点正点率100%，进度计划完成率控制在±5%以内。

（三）设计方案优化

PMC项目部重点对低压输送状态下BOG处理系统、高压输送系统、BOG压缩系统、卸船系统、总平面系统、建构筑物系统、电气系统、仪表自动化系统及消防系统开展设计方案优化；先后组织关键

设备技术交流30余次，开展接收站海域的海流及潮位同步观测等6项专题研究，组织设计输入审查11次，审核审查会21次，专题研究会25次。不仅充分地保证了设计质量和进度，而且通过优化和评审，直接降低工程投资3.1亿元。

（四）专业技术储备

针对国内LNG专业人才稀缺，项目建设和施工技术经验不足的情况，先后开展LNG项目施工经验、9%Ni钢焊接工艺技术、LNG储罐顶升技术、码头运用管理等专业技术交流和专家评审会96次。实现了LNG接收站工程自主管理、自主施工，为国内LNG接收站工程培养了大批人才。

（五）科研技术研究

组织开展LNG接收站工艺技术研究、大型LNG储罐建筑技术研究、海水取水口技术研究等10余项专题研究和科研攻关。在接收站工艺技术、海水取水、储罐建造、码头建设等研究取得重大突破，实现了自主设计，打破了国外技术垄断，达到国际先进水平。

（六）建设项目投资

通过设计方案优化、采购招标谈判、施工方案优化及精细化管理、严格管控等有效措施，工程最终总投资46.96亿元；比国家发改委批复的可研总投资节省16.14亿元，节省投资25.6%；比集团公司批复的概算总投资节省7.6亿元，节省13.9%。

（七）项目建设获奖

大连LNG接收站项目不仅投资受控、进度受控、质量受控、安全受控，还获得中国石油工程建设协会颁发的"中石油优质工程金奖"和中国施工企业管理协会颁发的"2013—2014年度国家优质工程金奖"。

五、进一步开展项目管理工作建议

中国工程总承包和项目管理，起源于20世纪80年代初"鲁布革水电站"项目。自此以后，中国工程总承包（EPC）建设模式逐渐成熟。随着工程总承包业务的发展，设计和施工企业实力不断增强，大型设计、施工企业已由单一的设计、施工单位向技术前后一体化，设计、采购、施工、试运行、维修、养护一体化发展。

而与工程总承包同时起步的项目管理则长期停留在施工监理模式，施工监理的模式与工程总承包模式严重不匹配。如，施工监理只能对工程总承包商的施工阶段实施监理，没有参与总承包商前期设计和采购管理，因此监理的进度控制、质量控制、投资控制、安全管理、合同管理、信息管理等基本抓不到源头，抓不到根本；监理单位对工程总承包商的质量控制、安全管理影响有限，对进度控制、投资控制、合同管理、信息管理更是"力不从心"。

为此住建部在2017年7月，印发了《关于促进工程监理行业转型升级创新发展的意见》（建市〔2017〕145号），鼓励监理企业在立足施工阶段监理的基础上，向"上下游"拓展服务领域，提供项目咨询、招标代理、造价咨询、项目管理、现场监督等多元化的"菜单式"咨询服务；2019年3月印发《关于推进全过程工程咨询服务发展的指导意见》（发改投资规〔2019〕515号），鼓励工程咨询企业提供项目建设可行性研究、项目实施总体策划、工程规划、工程勘察与设计、项目管理、工程监理、造价咨询及项目运行维护管理等全方位的全过程工程咨询服务。

通过大连LNG接收站项目实践，公司认为监理企业要提高"影响力和话语权"，赢得业主和承包方的尊重，扩大企业规模和产值，就必须开展与工程总承包管理模式相匹配的全过程咨询服务或项目管理（PMC）业务。同时，通过大连LNG接收站PMC项目实践，笔者对监理单位开展项目管理或全过程咨询服务业务有以下几个建议：

1. 转变"被动式"管理的观念。监理的工作模式主要是"等你报，我来审，等你叫，我来看"的被动式管理；而项目管理，则是"站得高、看得远，统筹策划、精心组织"的主动式管理。

2. 站在业主的角度实施管理。以往监理有着"少投入、少担责"的消极观念，所以经常被业主催促着干活。而项目管理，则要站在业主的角度，想着怎么保证进度，怎么控制投资。不再是等着业主安排我们干什么，而是提醒业主，我们该干什么了。

3. 培育项目管理人才，提高组织能力。监理部的总监理工程师以"监督承包商把活干好"的思路开展工作；而项目管理部的经理是"组织相关人员有序干活"的思路开展工作。因此，监理单位需要培养一批高素质、高水平的项目管理人员。

4. 培育专业技术人才，弥补管理短板。项目管理业务涵盖可研、设计、采购、监理、招标、造价、投产试车，甚至法务咨询等专业服务，而传统监理单位现有的专业能力很难满足需要，因此需要监理单位尽快弥补专业管理短板。

5. 整合社会技术资源，弥补技术不足。在项目管理过程中，技术服务、设计管理、采购管理是必不可少的环节，而传统的监理单位不可能有"专而精、大而全"的技术资源。因此就需要监理单位有庞大的技术资源库和众多的战略合作伙伴。

电力建设工程监理咨询标准体系的研究与实践

高来先 广东创成建设监理咨询有限公司　**许东方** 江苏省电力工程咨询有限公司
姜继双 浙江电力建设工程咨询有限公司　**陈继军** 湖南电力工程咨询有限公司
秦鲁涛 山东诚信工程建设监理有限公司　**张永炘** 广东创成建设监理咨询有限公司

摘　要：本文分析了电力建设工程监理咨询标准体系的现状及建立的迫切需要，研究构建了包括监理咨询人员管理、监理工作标准、咨询工作标准三个方面的标准体系，并制定标准编制路线，整合业内技术力量从修订《电力建设工程监理规范》DL/T 5434—2009出发，编制配套的系列标准，以实现"做什么"和"怎么做"，使体系不断完善、落地，通过应用推动电力建设工程监理咨询行业可持续、健康、高质量发展。

关键词：电力工程；监理；咨询；标准

引言

电力监理咨询行业一直致力于监理工作的规范化、标准化和信息化，2009年国家能源局颁布的《电力建设工程监理规范》DL/T 5434—2009，在火电工程、电网工程、风电工程及太阳能发电工程等工程中得到广泛应用，但是该规范只是解决了电力工程监理人员"做什么"的问题，而面对千差万别的电力工程类型还要深入解决"怎么做"，也就是要求我们建立系统性的电力建设工程监理标准体系。随着近年来国家推行工程建设全过程咨询，在电力工程咨询方面也有必要形成电力建设工程咨询的标准体系。

国家多个文件为工程监理行业指明了向"菜单式"咨询服务、全过程工程咨询服务转型升级的方向。然而在国家标准层面，相关部门暂未就全过程工程咨询制定专门的国家标准。在行业标准层面，仅中国电力建设企业协会颁发了《输变电建设项目全过程工程咨询导则》T/CEPCA 001—2017、《火力发电建设项目全过程工程咨询导则》T/CEC 227—2019，尚未形成标准体系。

《深化标准化工作改革方案》国发〔2015〕13号，即提出培育发展团体标准，在2017年《中共中央　国务院关于开展质量提升行动的指导意见》中，提出加快推进工程质量管理标准化。《住房城乡建设部关于印发工程质量安全提升行动方案的通知》建质〔2017〕57号要求制定并推广应用简洁、适用、易执行的岗位标准化手册，将质量责任落实到人，完善工程质量管控体系，推进质量行为管理标准化和工程实体质量控制标准化，推进工程质量管理标准化。而研究建立并编制、施行电力建设工程监理

咨询标准体系正是推进质量管理标准化的最佳手段。

电力工程监理咨询行业响应国务院及住房和城乡建设部的政策和管理要求，结合行业现状需求，研究建立电力建设工程监理咨询标准体系，并编制配套系列标准，以实现"做什么"和"怎么做"，提高监理咨询人员的履职能力，以实现电力建设工程监理咨询行业的可持续、健康、高质量发展。

一、电力建设工程监理咨询标准体系构建研究

（一）构建原则

为有效促进电力建设工程监理咨询标准的不断完善，推动电力工程监理咨询行业持续、健康发展，最终实现电力工程监理咨询业务的高质量转型，行业必

须建立起多维度、立体化的电力建设工程监理咨询标准体系，其构建原则如下：

1.在现行标准的基础上，进一步专业化、规范化、流程化和现代化，为电力工程监理行业向"菜单式"咨询服务、全过程工程咨询打下标准规范基础，从而达到助推电力工程监理行业转型、升级和发展的目的。

2.充分考虑电力行业监理咨询人员素质参差不齐的现状，建立具有可操作性强的电力工程监理、咨询标准，为行业全专业人员提供行为规范。

3.建立各专业监理人员的专业职责标准，从源头确保监理人员的专业能力。

（二）体系架构

1.总体架构

电力建设工程监理咨询标准体系（图1）分三个层级，以《建设工程监理规范》GB/T 50319—2013为基础，依据行业标准《电力建设工程监理规范》DL/T 5434—2020，从监理咨询人员管理标准、监理工作标准和咨询工作标准三个方面构建。

2.监理工作标准框架体系及咨询工作标准框架体系

在上述体系整体架构的基础上，经过更深入的研究，并细化形成监理工作标准框架体系（图2）及咨询工作标准框架体系（图3）。

监理工作标准框架体系主要是按照工程类别进行分类，共分为14大类，并与"通用标准""监理人员配置标准""电力建设工程监理文件管理导则""电力建设工程监理工作考核评价导则"等形成"1314"架构（即1个通用标准、3个辅助标准、14个导则）。

咨询工作标准框架体系由"通用标准""咨询人员配置标准""勘察设计咨

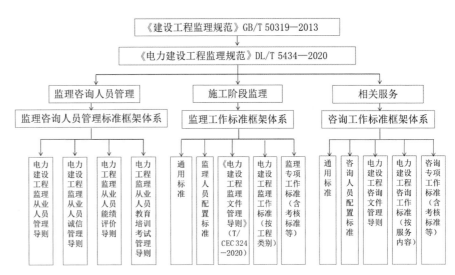

图1 电力建设工程监理咨询标准框架体系整体架构

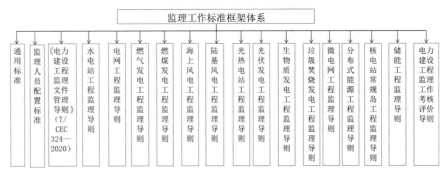

图2 监理工作标准框架体系

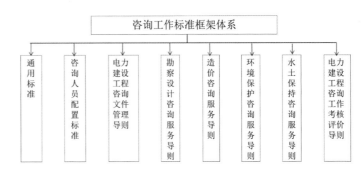

图3 咨询工作标准框架体系

询服务导则""造价咨询服务导则""环境保护咨询服务导则""水土保持咨询服务导则""建设工程咨询工作考核评价导则"等组成。

3.监理咨询人员管理标准框架体系

监理咨询人员管理标准框架体系（图4）从监理咨询人员的总体管理、诚

信管理、能绩评价、教育培训考试等方面进行构建，包含"电力建设工程监理从业人员管理导则""电力建设工程监理从业人员诚信管理导则""电力工程监理从业人员能绩评价导则""电力工程监理从业人员教育培训考试管理导则"等。

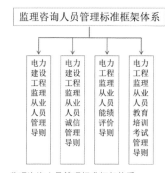

图4 监理咨询人员管理标准框架体系

二、电力建设工程监理咨询标准体系实践

（一）整合业内技术力量，开展标准体系顶层设计

为进一步构建和完善标准体系，在中国电力企业联合会标准化管理中心和中国电力建设企业协会的大力支持下，于2020年11月正式成立电力建设工程监理咨询标准化技术工作组，集结国内知名电力监理企业的核心技术力量，共同研究确定电力建设工程监理咨询标准体系顶层设计，并初步拟定将来五年的标准编制计划，逐步推进电力建设工程监理咨询系列规范标准的编制工作。

（二）完成行业层标准修编，为建设完善标准体系打下坚实基础

电力行业标准《电力建设工程监理规范》DL/T 5434—2020已于2020年10月完成修订并报批。

《电力建设工程监理规范》DL/T 5434—2009，颁布之后已使用10年，必须修订以适应国家现行有效政策法规。

完善修订《电力建设工程监理规范》DL/T 5434—2009坚持适用性、可操作性、前瞻性的三大原则，将按工程各阶段顺序展开的原规范旧编制逻辑，调整

为与国家标准《建设工程监理规范》GB/T 50319—2013相匹配，围绕电力工程监理主要工作而展开的新编制逻辑，并加入"相关服务一节"，明确工程项目管理服务、工程招标代理服务、工程造价咨询服务、设备采购咨询服务、设备监造服务、工程勘察咨询服务、工程设计咨询服务、环境保护咨询服务、水土保持咨询服务、信息化管理咨询等相关服务的工作内容和主要成果文件，为工程监理下一步转型升级提供了标准依据。另外，在推动电力建设工程监理咨询标准体系的构建落实方面，行业标准规范的修订，也为下一步电力工程监理咨询标准体系的建设完善打下了坚实基础。

（三）稳步推进团体层标准制订，逐步完善标准体系

1. 编制《电力建设工程监理文件管理导则》，规范监理服务产品标准

《电力建设工程监理文件管理导则》T/CEC 324—2020于2020年完成编制，并报中国电力企业联合会批准，成为其团体标准，于2020年10月1日实施。

本标准编制坚持实用、简单易执行和利于信息化的三大原则，将电力建设工程监理文件分成编制、签发、审核、验收和检查记录五个类型，明确五大类型电力建设工程项目监理文件管理的基本要求和流程，并给出各个表格的范例，细化全流程监理文件的收集、日常管理和保存、分类整理、组卷、装订、交付及归档、电子化移交等工作的具体要求。

同时，《电力建设工程监理文件管理导则》T/CEC 324—2020按工程类型全面梳理工程控制点（W、H、S）设置，进一步完善监理检查记录表（表1 火电电气安装工程控制点（W、H、S）设置部分示例）。火电工程共设置控制点298

个，其中W点209个、H点48个、S点41个；电网工程共设置控制点133个，其中W点97个、H点18个、S点18个；风电工程（含海上风电工程）共设置控制点126个，其中W点86个、H点23个、S点17个；光伏工程共设置控制点118个，其中W点87个、H点15个、S点16个。

该标准覆盖火力发电、电网、风电（包括海上风电）、光伏发电新建、改建和扩建工程的监理文件管理，有效提升监理文件管理水平。监理文件管理的规范化、标准化，不仅可以促进和提升现场监理工作，更能够助力监理工作开展达到规范化、标准化，进而倒逼以不断提高监理人员履职能力，使之成为监理单位加强监理人员管理的一项重要手段。

2. 编制"电网工程监理导则"和"燃气发电工程监理导则"，规范监理人员对专业工程的过程控制

"电网工程监理导则"和"燃气发电工程监理导则"作为电力建设工程监理咨询标准体系的系列标准，上承《电力建设工程监理规范》DL/T 5434—2020，与《电力建设工程监理文件管理导则》T/CEC 324—2020相互协调。"电网工程监理导则"和"燃气发电工程监理导则"为《电力建设工程监理规范》DL/T 5434—2020下一层级标准，主要围绕电网工程、燃气发电工程监理工作"怎么做"展开，以易用、好用为原则开展编制。在工程实践中，监理人员通过应用此类标准导则，可以规范监理人员工作行为，有效增强监理人员的履职能力，促进工程监理各项活动达到规范化、科学化和程序化，使得"质量行为管理和工程实体质量控制标准化"，进而提升建设工程质量水平。当前该两项标准编

火电电气安装工程控制点（W、H、S）设置部分示例　　　　表1

序号	工程部位	W、H、S控制点及记录表名称		控制点类型	记录表编号
1	通用部分	试品见证取样	试品见证取样送检记录表	W	HD-DQ-W001
2		软导线压接试件见证取样	软导线压接试件见证取样送检记录表	W	HD-DQ-W002
3		计量器具核查	计量器具核查监理见证记录表	W	HD-DQ-W003
4	高压电气	发电机离相母线安装检查	发电机离相母线安装监理检查记录表	W	HD-DQ-W004
5		发电机交接试验见证	发电机交接试验监理见证记录表	W	HD-DQ-W005
6		发电机定子绕组直流耐压试验和泄漏电流测量见证	发电机定子绕组直流耐压试验和泄漏电流测量监理见证记录表	W	HD-DQ-W006
7		发电机定子绕组端部手包绝缘施加直流电压测量见证	发电机定子绕组端部手包绝缘施加直流电压测量监理见证记录表	W	HD-DQ-W007
8		发电机启动试运见证	发电机启动试运监理见证记录表	W	HD-DQ-W008

写工作已启动，编制计划及工作方案已拟定，各参编人员正按既定计划稳步推进相关工作，预计2021年底完成编写报审。

三、成果及展望

中国电力企业联合会标准化管理中心和中国电力建设企业协会参与并认可了电力建设工程监理咨询标准体系，监理咨询标准化技术工作组将按照拟定的计划循序渐进的开展标准编制和推进实施工作。

《电力建设工程监理文件管理导则》T/CEC 324—2020 已在南方电网公司及内蒙古电力集团公司的工程项目中进行了应用验证，通过监理文件管理的规范化、标准化，有效提升监理人员的工作质量和效率，并为工程资料电子化、项目管理信息化打下坚实基础，达到了导则预期的效果。《电力建设工程监理规范》DL/T 5434—2020 的修编实施，也将有力于提升电力工程监理服务专业水平。规范和导则的编制完成并推进实施，标志着构建电力建设工程监理咨询标准体系取得了良好的发端，也为标准编制的组织、管理和协调等方面积累了宝贵经验。

下一步将继续完善电力建设工程监理咨询标准体系，继续致力于落实电力建设工程监理咨询标准体系中各项标准的编制修订，研究制定各标准的编制路线图，按照科学合理的路径推进各标准落地。另外，持续关注相关部门、单位与电力建设工程监理、咨询有关的标准化信息，积极向有关部门提交拟编制标准的立项申请书，逐步将电力建设工程监理咨询标准体系从构想转化为现实。

在标准体系编写方面，编制组充分考虑后续信息化应用的需求，要更关注新技术、新材料、新工艺和新设备的应用，特别是云、大、物、移、智及区块链技术发展对整个标准体系的影响。在标准体系落实方面，提倡监理单位合作开发监理信息系统，通过信息系统将各类标准的具体要求嵌入当中，保障标准更好的落地实施，并逐步形成监理企业的数据库，为大数据应用打下基础。

参考文献

[1] 研讨会会议纪要 . 电力建设工程监理咨询标准体系 .
[2] 中国电力建设企业协会 .2019 年度全国电力建设行业统计数据分析报告 .

京东总部二号楼项目BIM应用

北京兴电国际工程管理有限公司

摘　要：随着BIM技术在工程建设中的优势逐步凸显和国家的逐渐重视，相信BIM技术在工程建设中的应用会越来越全面，越来越广泛，最终形成一个良好的工程建设和建筑运营环境，BIM技术将成为建设市场上各参与主体的必备能力。监理企业在建筑业的这次革命中，要重视BIM技术，积极参与到BIM技术的学习和推广中，提升企业的技术实力，使企业的业务高端化。

京东总部二号楼项目在建设的过程中应用了BIM技术，其在质量、进度安全控制、多专业协调、计量计价、碰撞检测等方面对该工程的建设产生了至关重要的影响，同时BIM与5G技术相结合，提升了建设效率。因此监理行业应加强对BIM技术的了解和学习，本文就BIM技术在京东二号楼项目的应用、BIM对监理的影响、BIM应用不足与总结这三个方面来简单阐述。

一、BIM技术在京东二号楼项目的应用

（一）项目概况

1.项目BIM的主导模式

深化设计涉及众多项目参与方，结合BIM技术对深化设计的组织与协调进行合理规划。项目实行总承包主导模式，设置专门深化设计管理团队，负责全部深化设计的整体管理和统筹协调，最终将完整的竣工模型提交给发包方。总承包商负责合同期内的BIM模型深化、合模工作，BIM模型包含建筑、结构、机电预留预埋等专业。深化设计的分工按照"谁施工、谁深化"的原则进行。总承包商负责深化设计的组织、计划、技术、组织界面等方面的总体管理和统筹协调，确保深化设计在整个项目层次上的协调与一致。对机电及其他分包单位的深化设计进行技术统筹管理，通过采用BIM技术分析机电工程与其他专业工程是否存在碰撞和冲突。

总承包商将根据项目进度及时更新BIM模型，确保提交的施工图已经整合最新的BIM模型，并且模型深度满足发包方要求。从BIM模型中直接生成2D图纸，以确保出现尽量少的差异。

2.项目基本情况

本工程场区位于北京经济技术开发区路东区，东临经海路，北临科创十一街，南临科创十二街。京东总部员工办公包括开放办公、会议、培训、餐饮、健身等功能，拟建为京东商城总部、京东物流总部、京东云总部。

工程项目的建设过程涉及众多参建单位，这些参建单位都是经营的独立体，其BIM应用需求多是出于自身业务需要或行业发展环境的被动要求。各参建单位从自身利益出发考虑BIM应用，难以保证BIM技术实现从设计阶段到施工阶段、运维阶段的无缝交接，从而无法充分发挥BIM技术在整个建筑工程项目管理过程中的巨大优势。真正将BIM技术应用落地，则是需要各个参建方一起合作来实现，达到共赢。

（二）项目BIM应用的标准

京东总部二号楼项目以实用性和可执行性为基本原则。充分考虑BIM技术与项目施工管理的密切结合，同时注重BIM

模型在施工过程中的变更以及信息添加、信息分析应用，以保证 BIM 竣工模型在未来的运营维护管理中发挥作用。

为了将总承包商的 BIM 策略与发包方的 BIM 标准和实施准则相结合，给项目后续阶段提供便利，要为模型内容、详细程度以及文件命名结构作出符合发包方提供的 BIM 模型的规定。主要内容包括但不限于以下几点：文件命名结构、精度和尺寸标注、建模对象属性、建模详细程度 LOD500、模型参考协调、度量制、合同文档交付要求、详细的建模计划等。

在参考国家、地方和企业 BIM 模型标准后，建立适合本项目 BIM 应用需求的 BIM 管理体系、工作流程和 BIM 标准，包括京东二期建筑信息模型工作指引、京东二期建筑信息模型竣工交付内容等。

（三）项目 BIM 应用的保障措施

1. BIM 团队组建

成立 BIM 领导小组，小组成员由总包项目负责人、BIM 顾问、BIM 监理负责人，以及土建、钢结构、机电、幕墙、装饰、景观等相关专业负责人组成，定时沟通，及时解决相关问题，聘请资深的 BIM 顾问团队，以保证能够及时地解决 BIM 方面的疑难问题。总承包商作为 BIM 服务过程中的具体执行者，负责将 BIM 成果应用到具体的施工工作中。分包单位按合同成立 BIM 小组、配备软硬件、指定 BIM 专业人员（专业深化人员）、完成本专业模型建立、服从总包 BIM 管理要求等。监理 BIM 工程师负责协助业主对总包及分包 BIM 管理团队进行管理，同时协助业主编制总包 BIM 模型交付标准，关注各分包 BIM 模型工作进度。关注总包及分包管理团队情况，出现人员专业素质不够、人数不足等问题后，及时督促相关单位调配 BIM 人员。

2. BIM 软硬件配置

根据 BIM 系统信息化平台特点，采用以下硬件、软件来实现本工程 BIM 系统运行，确保工程信息化模型管理（表1、表2）。

3. BIM 实施方案

总包及分包单位在进场前需编制总体实施方案及策划，经业主、监理单位专业负责人审核后开始实施，必须包含实施细则及总体实施计划。了解各单位人员、硬件配置、工期安排等是否满足项目要求。各分包单位、供应单位根据总工期以及深化施工图要求，编制 BIM 系统建模以及分阶段 BIM 模型数据提交计划等，由总包 BIM 系统执行小组审核，审核通过后由总包 BIM 系统执行小组正式发文，各分包单位参照执行。根据各分包单位计划，编制各专业碰撞检测计划，修改后重新提交技术部门。

BIM系统运作硬件支持 表1

承包商	序号	名称	功能	数量
总承包单位	1	台式电脑	Intel 酷睿i5，8GB内存，1T硬盘，24英寸FHD LED 显示器，Windows10操作系统	8台
	2	移动储存	1TB移动存储器	2个
	3	打印机	彩色激光打印机	2台
	4	投影仪	高亮度、高分辨率	1台
	5	无人航拍机	识别周边环境、辅助建模	1台
	6	VR设备	三维可视化演示	1套
	7	网络接入	广域网接入	
机电总包	8	协同服务器	协同各个工作站共同快速工作	1台
	9	台式电脑	Intel 酷睿i5，16GB内存，1T硬盘，24英寸FHD LED 显示器，Windows10操作系统	6台
	10	笔记本电脑	Intel 酷睿i7，16GB内存，1T硬盘，Windows10操作系统	2台
	11	智能全站仪	Topcon LN-100	1台
	12	绘图仪	A0，1200×1200dpi	1台
	13	打印机	A3彩色激光打印机	1台
	14	投影仪		1台
幕墙分包	15	台式电脑	Intel 酷睿i5，16GB内存，1T硬盘，24英寸FHD LED 显示器，Windows10操作系统	4台
	16	笔记本电脑	Intel 酷睿i7，16GB内存，1T硬盘，Windows10操作系统	1台
	17	智能全站仪	Topcon LN-100	1台
	18	绘图仪	A0，1200×1200dpi	1台
	19	打印机	A3彩色激光打印机	1台
钢结构	20	台式电脑	Intel 酷睿i5，16GB内存，1T硬盘，24英寸FHD LED 显示器，Windows10操作系统	5台
	21	笔记本电脑	Intel 酷睿i7，16GB内存，1T硬盘，Windows10操作系统	1台
	22	智能全站仪	Topcon LN-100	1台
	23	绘图仪	A0，1200×1200dpi	1台
	24	打印机	A3彩色激光打印机	1台

BIM软件平台 表2

序号	软件名称	功能
1	AutoCAD Revit 2018	建筑、结构专业三维设计软件；综合碰撞检查专业设计应用软件
2	Navisworks Manage 2018	三维设计数据集成，空间碰撞检测，项目施工进度模拟展示专业设计应用软件
3	Autodesk 3ds Max	三维效果图及动画专业设计应用软件，模拟施工工艺及方案
4	Tekla Structures	钢结构深化设计软件，建模节点详图
5	Rebro	机电、建筑、结构专业三维设计软件；综合碰撞检查专业设计应用软件，可轻量化处理模型
6	广联达	工程量模拟计算软件
7	品茗BIM三维施工策划软件	二维布置图转化为三维布置图，直接生成施工模拟动画；智能计算分析确保平面布置的准确落地
8	品茗脚手架工程设计软件	自动识别建筑物外轮廓线并进行智能分析，通过智能分段、计算、排布生成符合规范要求的建筑外脚手架工程方案设计
9	品名模板工程设计软件	针对现浇结构的模板工程设计软件，可以满足方案可视化审核、模板成本估算、高支模论证方案、方案编制等功能
10	云建造	施工、安全质量管理系统质量整改、复查、检查记录

4. BIM实施保障机制

监理单位组织建立BIM例会制度，梳理BIM深化流程；每周召开BIM例会，及时协调各单位工作。要求总包BIM系统执行小组内部定期召开工作碰头会，针对本条线工作进展情况和遇到的问题制定工作目标。要求各分包BIM团队成员，必须参加每周的工程例会和设计协调会，及时了解设计和工程进展情况，如果因故需要调换，必须提出书面申请，做好交接，以保证工作的延续性。BIM模型深化会议有关专业单位必须有成员参加。

各分包单位、供应单位根据总工期以及深化施工图要求、编制BIM系统建模以及分阶段BIM模型数据提交计划等，由总包BIM系统执行小组审核，审核通过后由总包BIM系统执行小组正式发文，各分包单位参照执行。

BIM系统是一个庞大的操作运行系统，需要各方协同参与。由于参与的人员多且复杂，需要建立健全一定的检查制度来保证体系的正常运作。对各分包单位，每两周进行一次系统执行情况例行检查，了解BIM系统执行的真实情况、过程控制情况和变更修改情况。对各分包单位使用的BIM模型和软件进行有效性检查，确保模型和工作同步进行。

（四）项目BIM技术专业上的应用

1. 土建专业

在BIM模型中能直观地看到墙、梁、柱的尺寸、标高和定位是否合理，除可以准确地表达建筑和结构完成后的空间关系外，还能为后期机电等专业的深化设计、管线综合作好充足的准备，保证BIM模型的准确性和延续性。

通过BIM技术，整合水、电、暖通模型和结构模型，判断预留洞口的位置，通过详细报告，让施工人员提前了解预留位置，防止后期凿洞，破坏结构。在施工过程中，通过净高检测，直接找出需要高大支模的位置。通过在BIM模型中进行协调、模拟、优化以后，可以为现场施工提供辅助的综合结构留洞图、建筑-结构-机电-装饰综合图等施工图纸。

2. 机电专业

本项目机电系统复杂，管线综合难度较大，拟利用BIM技术进行设计。将建筑、结构以及机电等专业的模型进行叠加，在三维环境下确定各专业的合理标高，在所有管线标高得到确定后将其导入Autodesk Navisworks软件中进行二次复测，进一步确保深化设计方案的合理性。

机电单位通过现场预制加工：分集水器的现场快速制作主要通过精细化建立分集水器施工模型，将模型与实际施工反复进行模拟及调整，待模型调整至现场可施工时进行信息汇总，生成一张完整的预制加工图送至现场进行预制安装，分集水器的现场制作可达到快速建造的效果，避免材料运输、生产供货慢等因素，可以满足工期节点要求，与常规做法进行对比，共节省工期40天。

使用专利进行工厂预制加工：一种模块化桥架多通装置。运用BIM技术生成所需异形桥架多通构件，工厂按照构件图生产，使用异形桥架多通构件可避免桥架过多翻弯，施工方便快捷，提高施工速度，也使放线更加方便，降低施工成本，节省空间，美观紧凑。

在施工期间应用BIM模型对现场施工质量进行检查，采用高精度测量仪器（全站仪、三维激光扫描仪）对现场安装定位情况（钢结构安装定位，幕墙和钢结构的工厂定制）进行复核和模型比对，对桥架管道全站仪放线，发现现场施工情况与BIM模型不符之处应立即向相关施工单位发出施工整改单，并报知监理、发包方。

3. 幕墙专业

BIM幕墙深化设计配套的主要工作包括：BIM协同管理、方案优化、三维空间管理、工程量管理等。利用BIM可视化功能，对幕墙施工信息进行可视化剖析，了解与掌握视觉空间、功能空间、维护空间的详细信息。采用BIM技术的意义在于解决重难点部位幕墙施工技术难题，预知与相关单位的碰撞，科学合理地优化工期，精细管理建造成本。

4. 钢结构专业

利用BIM模型前期作好钢结构构件的深化设计，创建深化设计模型，绘制深化设计施工详图，可以起到有效提高施工效率、避免错误施工的问题，大大提高项目进度。

本项目钢结构柱较多，且单根重量较大，远超出塔吊吊重能力，利用BIM技术对构件（劲性柱）提前进行合理分段，结合塔吊监控数据进行分析计算。

本项目钢结构连廊总长度约58m，采用整体提升的方法进行施工，施工难度大，利用BIM技术，进行安装方案模拟、三维可视化交底，可有力保证施工安全性和合理性。

5. BIM与5G技术结合

2019年11月完成了5G基站的架设和调试，可以提供每秒10G的传输速率，能够支持40路1080P高清视频或5路4K超高清视频上传。利用"一通多能四驱动"的架构，结合BIM、人工智能、区块链、云计算加边缘计算、大数据等技术，开启了十大创新应用；通过5G的定制化网络实现了整个建筑作业面的网络全覆盖。

5G技术的应用，改变了以往传统工程建设中监理工程师主要依靠经验和肉眼巡视检查现场，采用实时测量工具等采集数据进行监督管理的方式。实现了全部工人的全流程监管，使得现场所有施工区域都有监管的"眼睛"。

建筑工业化的采购制作阶段，即由工业化建筑构件工厂为每个构件安装数据采集器、传感器机械固定装置（如预埋件），并创建可溯源标识（如永久二维码），通过施工安装过程中采集可溯源标识录入建设工程（大数据）信息管理平台，通过安装数据采集终端、轴线定位终端网络、压力及变形传感器等一系列终端数据采集设备，对施工安装过程中的构件、周边需监控的设备设施进行实时监控及传输，辅助现场采集员手持3D立体扫描仪等数据采集终端，依托5G物联网高速、低延迟的特点，实时与建设工程（大数据）信息管理平台中的BIM建筑模型分解结构和库内标准规范进行验证，及时反馈预警信息给决策层的项目管理人员和监理人员，如进场材料数据是否符合设计及规范要求，构件安装垂直度及平整度、构件偏差、设施设备沉降的监测等，通过云端系统追踪并人工审核构件生产使用情况，对其部位、偏差、隐蔽情况等，均可随时溯源至每个构件、设施设备的相关信息，并可通过云端验收及指导整改。

同时基于5G搭载AI（人工智能）摄像头的智慧眼镜传输回的实时画面，监理工程师实现了远程工地巡检，以及远程前后台专家交互的能力，可以识别劳务人员的工种信息和入场教育信息，能将未戴口罩、未戴安全帽、翻越安全维护等违章行为及时推送给相关的管理人员，让安全隐患和违规行为无所遁形，全面筑牢项目现场安全防线。

京东总部二期项目率先参与了5G技术与智慧工地的结合，在锻炼队伍的同时，也为今后实现"智慧监理"积累了一定的经验。监理人员利用智慧眼镜、智能终端等设备可以对施工作业人员的施工工艺、安全、质量等进行远程管理并及时督促问题整改，不仅能够有效提高工作效率，还大大降低现场监理劳动强度和安全。

二、BIM技术对监理行业的影响

（一）监理行业应用BIM技术现状

BIM在各综合或甲级监理公司中的应用尚处于初步接触与认识阶段，BIM应用人才匮乏，领导认识不足。绝大部分监理公司未开展BIM人才培养，在业务开展与监理现场工作中亦步亦趋，有的主动参与BIM工作中，但承担BIM工作量小，也无法承担更多BIM工作。只有极少的大型监理公司设有BIM相应机构并进行了相应的人员培训。

工程监理的现行工作方法有现场记录、发布文件、旁站监理、平行检测、会议协调等，工作方式单一。日常监理工作一般采用现场巡视检查的方式，对施工过程监督、控制、协调等方面的难点重点的事前控制方式单一。

信息管理方式落后。工程信息一般采用手工填写、人工传递的方式。施工现场资料信息量庞大，往往使得现场信息资料处理工作与施工现场实际情况脱节，参建各方缺乏沟通容易造成大量的工程信息无法得到及时处理，且不能有效共享，致使工程管理决策所需的支持信息不充分。因此迫切需要将信息技术应用到监理工作中。

（二）BIM技术给监理行业带来的变化

监理作为建设工程的咨询性服务行业，随着工程建设过程中新技术的出现和发展，对其技术水平的要求也会不断提高。监理企业也开始重视BIM技术，同时也要求企业管理人员重视 BIM 技术，逐渐在人员培养、人员待遇等方面体现出对 BIM 技术的重视。

BIM 技术的应用，对监理行业的工作制度需要进行相应的调整和修改，从而指导 BIM 技术在工程监理工作中的应用。监理人员的工作方法、工作内容、工作工具和执行的标准都有了变化，甚至需要制定国家、地区的行业标准。

BIM 技术"虚拟施工、有效协同"的信息互通特点会极大地提高监理协调工作的效率，例如监理人员可以将工程信息反馈到 BIM 模型中，从而指导工程施工的进行，减少施工中出现的质量问题；在图纸会审、设计交底过程中，监理人员可以提取设计单位制作的设计模型并对模型深度和质量进行审查。在审查施工方案过程中，提取施工单位经深化设计后的施工模型，关键节点的施工方案模拟，同时对施工方案的合理性和可施工性进行评审，最后增加监理质量控制的关键节点信息。

三、BIM 技术应用的总结

（一）BIM 技术应用的经验

1. 监理不用建模，但是可以借助模型提高监理的工作效率，包括审图、审核方案、施工组的效率，这是模型对于监理工作的帮助。在监理 BIM 工程师私下与设计院、顾问各方沟通后，10 余次的机电 BIM 模型报审例会上，会议统计问题 250 余例，绝大部分问题均修改及采纳，待解决问题也逐一跟踪解决；不再像以前仅凭借施工经验去发现问题、解决问题。在任何一个大型公建项目上，一个简单的管线碰撞问题造成的损失都是业主无法接受的，BIM 技术手段在机电专业帮助发现问题，进行协调，最后用来指导施工，避免因大面积返工而给企业带来损失，同时避免了工期滞后，可谓是一举多得。

2. 监理在项目中要做好 BIM 现场实施过程中的监督工作。BIM 技术应用也是改变了传统监理检查和验收的方法。项目部机电监理工程师在熟悉机电深化软件 Rebro 后，每次验收前对照模型和施工现场的情况，发现有和模型位置不符的，及时要求施工技术人员和深化设计人员进行纠错分析，对掌握施工现场情况更为清晰直观；发现这类模型纠错后，对于 BIM 模型深化细节及更新也是起到了辅助作用。

3. 努力开展 BIM 在现场实施过程之后的检测，即检测 BIM 是否按照计划在现场实施，也在运用三维扫描技术做好这方面的工作。

4. 图纸会审是监理工作的重要内容之一，建模的过程即审图的过程、发现问题的过程，再加上碰撞检查，这不是附加的工作，应该说是对原有工作的一种强化，提高了监理发现图纸问题的能力。

5. 平台的应用更加方便了监理工程师在日常巡视检查等各项工作中留下影像资料，使监理例会上的发言做到有理有据。

6. BIM 模型有能储存各种信息资料的特点，如设计变更单、签证、图纸等，使得电子文档管理更加方便快捷，也更加统一，避免了竣工阶段各种资料收集困难的问题。

7. 在钢结构、幕墙以及机电安装方面，应用 BIM 进行深化设计，提前解决设计存在的问题，生成施工详图及构件清单，减少材料损耗，提高工厂下料效率；同时通过 BIM 的算量，实现了项目设计模型与商务管理之间信息共享，达到了一次专业建模满足技术和商务两个应用要求，提高商务算量效率。

（二）BIM 技术应用的不足

项目从基坑设计阶段开始应用 BIM 技术，不仅建立了项目各阶段各专业的 BIM 模型，还进行了相关软件二次开发、深化出图等工作，提高了施工效率，同时也优化了管理效率和管理流程，完成了项目的资源综合调整和方案预演等工作，取得了可观的经济效益。当然在运用 BIM 技术过程中，也存在着不足，具体如下：

1. 设计 BIM 传递到施工阶段，缺乏合适的平台、工具添加和集成施工信息，难以形成支持施工及管理的信息模型，只能通过拆改、重新建模等原始方式读取施工数据信息。

2. 单项 BIM 应用多，成功的集成应用少，运维阶段 BIM 应用更少，数据共享平台也很少。

3. 针对机电施工面广、点多的施工工序及工艺要求，在 4D 模拟应用过程中遭遇瓶颈，实施起来相对困难。

4. BIM 5D 应用不够深入，只停留在混凝土、大型机电管线、设备等方面月度进度款报量，而缺少其他专业以及对 BIM 与物联网及 IFD 库扩展等方面的研究。

（三）BIM 技术应用的总结

尽管目前国内 BIM 技术在实际应用效果和大规模推进还存在许多障碍和问题，可是 BIM 实际产生的效益和作用正在快速改变着整个建筑行业。BIM 技术为各个参建方能做的事情远远不止目前项目实际所展现的这些，许多的应用点真正落地后更是会对整个行业产生一个新的推进，我们应该紧跟时代步伐，去探究 BIM 技术在实际应用上的更多可能。

应用信息化平台，实现工程咨询企业创新发展
——江苏建科工程咨询有限公司信息化系统使用介绍

宋伟
江苏建科工程咨询有限公司

一、概述

2017 年 2 月《国务院办公厅关于促进建筑业持续健康发展的意见》（国办发〔2017〕19 号）文件出台，首次清晰地提出"全过程工程咨询"概念。5 月，住房和城乡建设部在全国 8 省（市）选择了 40 家企业开展全过程工程咨询试点工作，江苏建科工程咨询有限公司（以下简称江苏建科）也是其中之一。

在全过程工程咨询管理中，面临管理跨度大、管理流程复杂、工作分解结构（WBS）分解众多等问题，对信息交互的及时性、准确性、有效性提出了很高的要求。面对如此众多的信息，使用信息化平台，不仅是为了整合资源、提高效率，更是为了保证信息安全和可追溯。

为此江苏建科 2015 年成立了南京建晓信息科技有限公司，专门从事工程监理、项目管理、造价咨询、招标代理等专业应用软件的工作。并于 2016 年成功研发了 General PMIS 工程咨询企业管理信息系统（通用项目管理信息系统，下称 GPMIS 系统）在公司全面使用。

GPMIS 系统主要涉及企业与外部信息管理、企业内部信息管理、企业对项目的信息管理、项目信息管理 4 个部分。企业与外部信息化管理主要由主管部门进行建设，主管部门需要对管辖内咨询企业的信息进行管理，公司主要提供数据接口；企业内部信息管理、企业对项目的信息管理、项目信息管理由企业自身建设，用于工程咨询企业内部管理的需要（图 1）。

企业内部信息化管理是工程咨询企业信息化建设的基础，硬件方面：公司采用私有云与公有云服务器结合的方式，既保证数据安全性又充分利用公有云的便捷性，系统根据不同业务模块分别部署。软件系统方面：本着一体化、标准化、可视化、可扩展、可复用、协同共享的原则优选适合公司的产品使用推广，目前主要由 GPMIS 系统、企业微信、视频会议系统等软件提供服务。

二、信息化系统介绍

（一）企业内部工作平台

公司经过多年的发展，具有项目数量多、项目业态复杂、项目分布地域广、企业员工数量多、项目人员常驻现场等现实情况。如何将企业、项目、员工紧密联系在一起，做到上传下达及时通畅是企业信息化首要解决的问题。

通过筛选，公司选用企业微信作为即时通信的基础组件，同时开发人力资源系统与企业微信结合，一次性将所有员工按组织机构注册进入企业微信，同时自动建立全员群、部门群，构建了员工即时沟通平台。并通过人力资源系统接口使员工入职、离职、调岗自动在企业微信中管理，保持信息通畅的同时也确保企业内部信息保密。

同时将公司使用多年的 GPMIS 办公自动化平台（OA）与企业微信结合，使用企业微信的通知功能直接将新闻、公告、发文等重要信息推送到员工手机，并可以记录员工是否及时阅读。原有

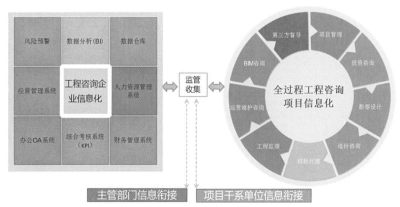

图1 工程咨询企业信息化与全过程工程咨询项目信息化

OA 中的用章申请、资产借用、易耗品领用、会议室预约、车辆预约等功能也支持员工直接在手机上申请，通过设定的流程审批直接到公司盖章、领用物品，大大提高了效率。

引入企业微信打破了公司、项目、员工的信息壁垒，使公司发文及要求能及时下达项目人员手中，项目信息能及时反馈到公司备案。

（二）人力资源管理平台

公司目前员工 2000 多人，在人力资源管理过程中存在人员信息管理分散、信息不全、无体系、凌乱；人员培训、注册、备案等工作繁杂；人员证件借、还频繁，跟踪烦琐且易丢失；员工证件、劳动合同到期不能及时延续注册；员工工作业绩和信誉档案需要手动统计等问题。

人力资源部利用 GPMIS 人力资源模块，按部门建立员工信息数据库，从员工的入职到离职过程中的劳动合同、证件信息、备案延续、证件借还等信息全面跟踪记录，并将员工信息库与项目管理模块打通，解决上述人力资源基本管理问题的同时，建立了项目人员动态管理表，同时利用系统考勤打卡功能规范员工在场时间。

（三）企业经营管理平台

公司在经营管理过程中根据工程咨询企业经营过程的特点，实现在项目投标阶段，经营管理系统通过其他系统模块调用投标所需的人力资源、企业项目业绩、仪器设备等信息，并完整记录每个项目投标的全过程信息；跟踪已中标项目及人员信息、工程咨询合同信息及合同的收款情况，全面掌握合同执行情况。

建立标书标准模板库、竞争对手信息库、已投标项目信息库、完工项目业绩库（图 2）。

（四）企业财务管理平台

公司财务部门采用成熟的财务软件进行管理，但是财务软件与公司现有其他信息系统彼此独立，许多信息需要手动录入对应，给财务部门带来较大的工作量。目前公司利用 GPMIS 系统中的财务模块直接从人力资源系统中获取部门人员资料并与项目现场人员对应，同时辅以 OA 系统中考勤、请假、加班记录形成工资信息完整闭环，避免发生空饷现象，便于管理部门及财务掌握工资情况，为后续项目成本分析提供数据支撑。

同时 GPMIS 系统与财务系统衔接，通过合同实付款接口、投标保证金接口等与系统对接，保证了数据的统一性、准确性和完整性（图 3）。

为了解决项目人员请款、报销审批流程漫长等问题，公司利用请款及报销模块，信息审批后直接进入财务，财务按报销审批信息及票据报销。通过人员工资

管理、请款报销管理方便地统计各部门各项目实际成本支出，并通过报表时时与项目收款进展对比掌握项目实际成本。

（五）项目工作管理平台

目前 GPIMS 系统平台上运行了公司 1000 多个项目，项目类型包括：监理项目、全过程工程咨询项目、项目管理项目、第三方巡查项目、造价咨询项目、招标代理项目等。

1. 监理项目管理平台

监理项目管理平台主要体现一体化与标准化管理，实现公司监理类项目管理要求的统一。通过对企业级项目管理系统的使用，主要实现以下 4 个标准化：

模板标准化：通过不同项目类型的 WBS 模板，规范不同类型项目的监理工作流程、工作范围、工作内容。

资料标准化：通过工程资料的标准化、模板化，各项目部在企业统一要求下工作，项目监理资料如出一辙。

工作标准化：通过"作业指南""关联文档""监理要点"卡片，规范项目监理人员的每项工作。

资料归档标准化：通过一键打包功能，项目所有资料打包成标准格式，统一界面归档、再使用（图 4、图 5）。

通过对企业级项目管理系统的使用，公司对项目的管理模式发生了重大变革，特别在项目普查时，检查小组工作采取

图2 企业经营管理平台

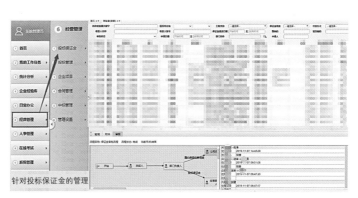

图3 企业财务管理平台

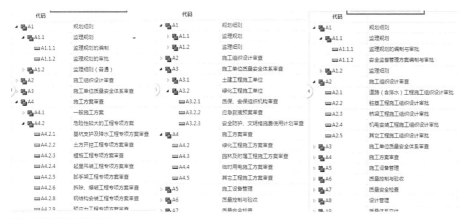

图4 项目管理系统标准化（一）

图5 项目管理系统标准化（二）

"先在系统上核查现场资料，然后到现场查施工质量＋重点查系统中存在问题的资料"的模式。这样，检查人员在办公室完成对项目资料的检查，检查工作效率较高、系统性较强、检查标准统一、节省时间，资料检查完成后，检查人员可以带着资料中发现的问题去检查项目现场，将现场检查工作重点放在现场实体施工质量和存在问题的资料上，指导项目监理工作，关注项目重点问题。

这种检查方式，使企业管理者无须到现场就可以了解项目的基本情况（包括项目建设的现场实景照片），检查项目资料只要有计算机和网络就可以实现，缩短了企业与项目的距离，减少了企业在管理过程中产生的成本；真正实现跨组织、跨地区、跨部门的协同管理与控制，提高企业对建设项目/项目群的多项目管理能力。

2. 全过程工程咨询管理平台

全过程工程咨询是工程咨询企业未来发展的方向。全过程工程咨询管理信息系统着眼于对项目进行全方位管控，实现工程咨询企业在项目建设过程中从立项到竣工验收全寿命周期里信息化管理的目的（图6）。

根据全过程咨询业务的不同项目范围，系统自由拼装招标管理、造价管理、监理管理、项目管理等组件，为不同项目提供个性化服务。

公司通过信息化平台的统计工具对系统中的数据进行整理、归纳、总结，形成企业知识库，对企业的经营、为项目业主提供咨询超值服务、开展项目管理业务等提供有力的技术支持。

同时，公司还可以从大量数据中总结、归纳出同类项目工作共性的规律，从而形成工作作业指导、工作分解结构、工作模板、工作程序、工作流程、标准模板等，并在公司项目中推广，引导项目更好地开展咨询工作（图7）。

3. 第三方巡查（总控督导）管理平台

第三方巡查（总控督导）管理平台，将项目建设方、督导方、监理单位、施工单位纳入统一平台中，以公司通病库为巡查依据，实时将项目问题及风险上传系统，通过发现、整改、汇总、改进4步形成闭环（图8）。

（六）企业级分析决策模块

由于统一平台的建立，数据相互关联，分析决策模块可以将项目和企业管理过程中的动态情况进行跟踪和报表统计，通过从各个维度和角度进行数据挖掘和分类筛选与汇总，使领导层能对各业务部门及各项目部履行职责的行为情况，以及项目实体的质量与安全情况、合同、进度、造价的情况进行跟踪和查询，为管理决策提供支持。

三、平台应用成效

公司通过信息化手段建立企业管理层与项目、员工之间的互动平台，项目

图6 全过程工程咨询管理平台

图7 数据总结归纳　　　　　　　　　　　　　　图8 第三方巡查（总控督导）管理平台

监管方式实现了"互联网+"；自动生成的知识库具有动态更新功能、应用方便；强大的搜索引擎及报表功能实现了企业各层次之间及时交流与信息共享。

应用信息化管理系统，员工按照工作要点、作业指导实现了工作便捷化；知识库满足了员工的学习需求和愿望，员工的专业技术能力、工作效率及自我约束能力都得到了加强。

项目团队运用项目信息管理软件能快速掌握项目的重点、难点；完整的规范、图集为现场项目管理工作提供了技术支持；各类管理文件模板化，工作资料收集、归纳、整理快捷方便，归档资料一键打包。

企业层面加强了对项目的监管力度，由原来的飞行检查转变为每天巡查，更加及时准确地了解项目现场实际工作状态、进行中的危大工程，达到前方有管理后方有支撑的管理模式。

企业内部流程化管理，并将企业经营过程中的各项数据记录沉淀，为后续咨询服务，风险预警提供数据支撑。

四、平台建设及应用思考

咨询企业实施信息化必将涉及企业管理模式、组织架构、业务流程、组织行为和作业习惯的改变，是一个复杂的组织与管理变革过程。

咨询企业信息化的过程就是将现代信息技术由局部到全局，由战术层次到战略层次向企业全面渗透，并运用于流程管理、全面支持企业运营管理的过程。现代信息技术在咨询企业的应用，在空间上是由无到有、由点到面、由浅入深的过程；在时间上具有阶段性和渐进性。

咨询企业信息化建设过程应当在企业信息化建设总体规划下，本着急用先上的原则，分步实施，同时也要处理好引进、消化、吸收、创新的关系，通过技术创新和管理创新实现咨询企业的管理升级。

江苏建科制定咨询企业信息化方案主要考虑如下原则：

1）效益原则。

2）实用性和先进性原则。

3）循序渐进、持续发展的原则。

4）开放性和通用性原则。

5）安全可靠性原则。

咨询企业信息化建设是一项向传统管理模式挑战的变革，需要决策层、管理层、技术层、应用层等各个层面的共同努力才能推动。咨询企业信息化的建设应当从以下几个方面着手：

企业管理者应统一认识，高度重视，果断决策。企业主要领导的高度重视和正确决策对本企业信息化是否能成功实施起着决定性的作用。

在整个企业进行充分的思想发动，增强企业全员信息化意识，提高企业全员素质和信息化应用水平。企业的信息化建设涉及企业所有业务领域，需要企业各层次人员共同参与，员工的素质、应用水平、参与程度直接影响着系统运行的好坏。在咨询企业信息化的实施过程中，必须做好全体员工的思想发动，并开展信息化系统操作方法和技能的培训。

建立严格的规章制度，为咨询企业信息化提供制度保证。咨询企业信息化在建设过程中势必会遇到原有管理习惯与工作习惯的阻碍，企业必须建立完善的规章制度来保障企业信息化建设的顺利进行，信息数据标准化、业务流程规范化是实现企业的信息化建设的基础，而严格、配套的推广制度、检查制度、考核奖罚制度才是企业信息化建设顺利实施的制度保证。

选好适合本企业使用的信息化系统软件和专业强、服务好的技术咨询服务队伍，与咨询方充分沟通，各取所长，形成本企业的信息系统。

落实企业内部负责信息化建设和运营管理的部门与责任人，精干的组织和高效的执行力是咨询企业信息化建设的有力保证。

注重人才的培养，积极开展后续培训工作，为管理信息化建设培养大批复合型人才。

雄关漫道真如铁，而今迈步从头越

苗一平

安徽省建设监理协会会长

新年伊始，万象更新，我们迎来充满生机，"牛"转乾坤的2021辛丑年。励志辞旧迎新，必先回顾历史。自1988年以来，作为工程建设重要主体责任之一的监理人，相对于工程设计、工程造价等其他工程咨询服务，工程监理是唯一诞生于中国工程建设领域"市场化"时代的产物，同时又佩戴着计划经济体制下法定程序的光环，中国监理由"起"到"兴"，发展至专业领域"去行政化"管理的当今，猛然发现，我们的监理服务中附带了太多的中国特色，附加了太重的法定使命。我们不仅承担着合同赋予我们的"三控二管一协调"的市场义务，还承担着法规赋予我们的安全生产管理的法定责任。我们服务于业主的同时，必须秉承"公平"的职业原则，不能完全从业主的角度考量问题；我们工作在项目建设的第一线，承担着从现场"旁站"到技术管控的技术、管理、协调的工作，却又不能受到业主的完全"授权"；我们承担着巨大的技术责任、管理责任、安全责任，却又不被业主完全肯定，甚至成为业主眼中名不副实的存在。当服务的能力被低估，服务的价值被否定时，服务的价格自然也成为市场的"施舍"，成为承担所谓"法定服务程序责任"的最低价，"低价竞标""低价服务"的市场现象进而成为常态。而有

些监理公司竟然提出"成本价格"这种饮鸩止渴的计价方式，值得深思。

过去的一年，是迷茫的一年，也是工程建设领域风起云涌，创新和创兴的一年。监理在迷茫，设计在迷茫，造价在迷茫，中国工程建设咨询行业在迷茫，何去何从？全过程咨询、EPC、工程总承包、XOD等工程建设模式风起云涌，投资，咨询，建设横向、纵向联合，创新创兴。工程监理作为工程建设中不可或缺的一环如何在新的政策、市场环境中充分发挥自身的法定地位优势，在工程建设管理中的核心技术服务优势，克服体量小、资金少的弱势，是值得我们深入探索的问题。作为安徽监理人，我们更应迅速摆脱迷茫的状态，锐意创新，从"三个抛弃、四个转变、一个目标"做起，努力探索一条引领工程建设咨询行业发展的新途径。

一、回归市场本源，抛弃传统束缚

（一）抛弃"法定服务"定位的束缚

工程监理是中国工程建设行业唯一诞生于"市场化"的咨询业态。从诞生之日起，为我国的工程建设事业的蓬勃发展起到了巨大的推动作用，但是又因为从它诞生之日起便佩戴着

"法定"程序的光环，负担着市场之外辅助行政管理的职能。如何在现有政策和市场环境下发挥我们自身的优势，首先应尽快抛弃"法定服务"定位的束缚，把"监督管理"的行政使命模式转化为业主项目顺利实施的市场服务模式。

（二）抛弃"工资成本计费"理念的束缚

工程监理是一个集技术与管理为一体的综合性、专业性和技术性的咨询服务，其核心价值在于为业主、为项目提供专业化综合咨询服务，而不在于服务人数和服务时间的硬性指标。因此其价值和服务的收费应以服务工程项目的投资规模、技术难度、复杂程度来衡量。如果以简单服务业的计时"工资成本"作为参考，偏离技术咨询的核心价值，无异于饮鸩止渴。我们应完全抛弃"工资成本计费"理念的束缚，深入挖掘监理咨询的核心价值和服务深度，积极推行"基本服务价值＋管理绩效价值"的评价方式，为提升市场价格打下坚实的基础。

（三）抛弃"监管旁站"方式的束缚

"监管旁站"似乎已经成为监理的形象定位，当监理从综合咨询服务工程师转身为现场质量安全监督员的那一刻起，监理似乎已经蜕化为行业主管部门、

建设单位的"一只手"、一个工具，而失去了其自身的核心价值，失去了其行为的自主性和主动性。我们理应在去行政化的今天，抛弃"监管旁站"监理方式的束缚，充分发挥自身在技术和管理上的综合优势，采用管理前置、计划先行和过程管控的监管一体化创新模式。只有这样才能够真正体现监理咨询的价值，获得市场的认可。

二、拓展服务理念，转变服务模式

（一）从"后"到"前"的转变

政策赋予监理从设计到施工，从成本控制到进度控制的全方位职责，而现实中的监理工作仅仅着重于工程施工过程质量控制，甚至将"监理规划"置于"施工组织设计"之下去定位、编制。避重就轻的结果是降低自身的定位，削弱自身的价值。我们应努力实现从"后"到"前"的转变，即从设计管理入手、从成本控制入手、从招标采购入手、从项目前期入手，把监理工作内容前置化，变后期服务为前期导入，变断片式服务为链条式服务，最大程度展现出监理咨询服务的综合性和全面性。

（二）从"点"到"面"的转变

工程监理是集质量、成本、进度管理为一体的综合性咨询服务，是统领项目全局的全面监管式服务。我们应从突破现存的现场"点"式管理开始，逐步转变为对项目的全面计划管理模式，在集采、优化、计划等方面给予业主全面的支撑和服务，努力做到"面"上管控。

（三）从"里"到"外"的转变

工程监理不应局限于施工现场的场地范围内，应努力从工地里走出来，为业主与外界搭建起技术沟通服务的桥梁。

（四）从"被动"到"主动"的转变

当下，工程监理始终处于一种被动服务的工作状态，对设计、造价的管理形同虚设，不能为项目提供切实的前期管理。对施工单位则是被动旁站，后知后觉。我们应立足项目需求实现从"被动"到"主动"的转变，才能真正实现监理的形象翻身。

三、实现一个目标

实现以监理为核心的全过程咨询服务目标，既是工程监理数十年发展至今的必然，也是行业发展的必然。要实现这一目标，监理必须摆脱传统思维定式、行为定式的束缚。向前靠，与策划咨询、设计造价相结合，走综合咨询计划管理之路。向后伸，与维护管理、评估运营相结合，走衍生发展综合服务之路。

总而言之，雄关漫道真如铁，而今迈步从头越，改革创新、锐意进取的安徽监理希望之光就在前方。

运用"先履行抗辩权"维护监理正当权益

樊江

太原理工大成工程有限公司

摘 要: 笔者根据新近推出的《民法典》中先履行抗辩权,针对建设单位经常拖延付款的情况,提出监理方有权减少监理工作,并依据法律认为监理方该行为不属于违约行为。

关键词: 违约行为;监理;抗辩

在监理合同执行过程中,经常会出现建设单位拖延付款的情况。在这种情况下,监理方可以依据《中华人民共和国民法典》第五百二十六条行使先履行抗辩权,此时监理方不需承担违约责任。

《中华人民共和国民法典》第五百二十六条规定:"当事人互负债务,有先后履行顺序,应当先履行债务一方未履行的,后履行一方有权拒绝其履行请求。先履行一方履行债务不符合约定的,后履行一方有权拒绝其相应的履行请求。"法律上称之为"先履行抗辩权"。该法条从法理上讲,先履行一方怠于履行时造成后履行方履行困难,后履行方不为自己的履行不能而承担违约责任。先履行抗辩权是对合同相对方违约的抗辩,其实是一种违约救济权。后履行方通过自己中止履行合同义务的行为,来维护自己的履行利益的一种自助措施,也以此行为来督促对方尽快履行义务。"先履行抗辩权在效力上赋予后给付合同债务一方一种中止权,该权利在性质上具有消极防御的特点,在功能上具有迫使对方积极履行债务的特点,有利于在不终止合同效力节约解除合同的成本的基础上,维护后履行义务人的履行利益,实现交易安全。在效力上,先履行抗辩权本身只使对方的效力向后延展,并不导致对方当事人的债务的消灭"[1]。

监理合同履行过程中,经常会出现建设单位拖延付款、延期付款的情况。监理方为了维护双方长久合作,一般会忍气吞声继续履行合同,有些项目部很难坚持下去而不得不采取减人、减少监理工作时,建设单位在最终结算时还会因此扣减监理费。根据《民法典》第五百二十六条赋予的先履行抗辩权,在建设单位先出现违约行为时,监理公司减少工作的行为不是违约行为,属于法律赋予的正当权利,不承担违约责任,建设单位不能依据监理方减少工作量而扣减监理费,相反,监理公司可以追究建设单位延迟付款的违约责任。

最后,需要提醒的是,行使先履行抗辩权需要满足三个条件:第一、合同中已经约定互负债务;第二、双方债务履行期限届满;第三、先履行一方未履行义务或者履行不符合约定。以上条件,缺一不可。

1 《双务合同先履行抗权是否适当行使的判断》,载最高人民法院民事审判第二庭编:《最高人民法院商事裁判观点》总第1辑,法律出版社2015年版,第26~27页。

《中国建设监理与咨询》征稿启事

《中国建设监理与咨询》是中国建设监理协会与中国建筑工业出版社合作出版的连续出版物，侧重于监理与咨询的理论探讨、政策研究、技术创新、学术研究和经验推介，为广大监理企业和从业者提供信息交流的平台，宣传推广优秀企业和项目。

一、栏目设置：政策法规、行业动态、人物专访、监理论坛、项目管理与咨询、创新与研究、企业文化、人才培养等。

二、投稿邮箱：zgjsjlxh@163.com，投稿时请务必注明联系电话和邮寄地址等内容。

三、投稿须知：

1. 来稿要求原创，主题明确、观点新颖、内容真实、论据可靠；图表规范、数据准确、文字简练通顺，层次清晰、标点符号规范。

2. 作者确保稿件的原创性，不一稿多投、不涉及保密、署名无争议，文责自负。本编辑部有权作内容层次、语言文字和编辑规范方面的删改。如不同意删改，请在投稿时特别说明。请作者自留底稿，恕不退稿。

3. 来稿按以下顺序表述：①题名；②作者（含合作者）姓名、单位；③摘要（300字以内）；④关键词（2~5个）；⑤正文；⑥参考文献。

4. 来稿以4000~6000字为宜，建议提供与文章内容相关的图片（JPG格式）。

5. 来稿经录用刊载后，即免费赠送作者当期《中国建设监理与咨询》一本。

本征稿启事长期有效，欢迎广大监理工作者和研究者积极投稿！

欢迎订阅《中国建设监理与咨询》

《中国建设监理与咨询》面向各级建设主管部门和监理企业的管理者和从业者，面向国内高校相关专业的专家学者和学生，以及其他关心我国监理事业改革和发展的人士。

《中国建设监理与咨询》内容主要包括监理相关法律法规及政策解读；监理企业管理发展经验介绍和人才培养等热点、难点问题研讨；各类工程项目管理经验交流；监理理论研究及前沿技术介绍等。

《中国建设监理与咨询》征订单回执（2021年）

订阅人信息	单位名称				
	详细地址			邮编	
	收件人			联系电话	
出版物信息	全年（6）期	每期（35）元	全年（210）元/套（含邮寄费用）	付款方式	银行汇款

订阅信息

订阅自2021年1月至2021年12月，_____套（共计6期/年）	付款金额合计￥_____元。

发票信息

□开具发票（电子发票由此地址 absbook@126.com 发出）
发票抬头：_____ 纳税人识别号：_____
发票类型：一般增值税发票
接收电子发票邮箱：

付款方式：请汇至"中国建筑书店有限责任公司"

银行汇款 □
户 名：中国建筑书店有限责任公司
开户行：中国建设银行北京甘家口支行
账 号：1100 1085 6000 5300 6825

备注：为便于我们更好地为您服务，以上资料请您详细填写。汇款时请注明征订《中国建设监理与咨询》并请将征订单回执与汇款底单一并传真或发邮件至中国建设监理协会信息部，传真 010-68346832，邮箱 zgjsjlxh@163.com。

联系人：中国建设监理协会　王月、刘基建，电话：010-68346832
　　　　中国建筑工业出版社　焦阳，电话：010-58337250
　　　　中国建筑书店　王建国、赵淑琴，电话：010-68344573（发票咨询）

《中国建设监理与咨询》协办单位

 北京市建设监理协会 会长：李伟	 中国铁道工程建设协会 副秘书长兼监理委员会主任：麻京生	 机械监理 中国建设监理协会机械分会 会长：李明安	 京兴国际工程管理有限公司 执行董事兼总经理：陈志平
 北京兴电国际工程管理有限公司 董事长兼总经理：张铁明	 北京五环国际工程管理有限公司 总经理：汪成	 中国水利水电建设工程咨询北京有限公司 总经理：孙晓博	 鑫诚建设监理咨询有限公司 董事长：严弟勇 总经理：张国明
 北京希达工程管理咨询有限公司 总经理：黄强	 中船重工海鑫工程管理（北京）有限公司 总经理：姜艳秋	 中咨工程管理咨询有限公司 总经理：鲁静	 赛瑞斯咨询 北京赛瑞斯国际工程咨询有限公司 总经理：曹雪松
 中建卓越建设管理有限公司 董事长：邬敏	 天津市建设监理协会 理事长：郑立鑫	 河北省建筑市场发展研究会 会长：蒋满科	 山西省建设监理协会 会长：苏锁成
 山西省煤炭建设监理有限公司 总经理：苏锁成	 北京方圆工程监理有限公司 董事长：李伟	 北京建大京精大房工程管理有限公司 董事长、总经理：赵群	 PUHCA 帕克国际 北京帕克国际工程咨询股份有限公司 董事长：胡海林
 福建省工程监理与项目管理协会 会长：林俊敏	 广西大通建设监理咨询管理有限公司 董事长：莫细喜 总经理：甘耀域	 湖北长阳清江项目管理有限责任公司 执行董事：覃宁会 总经理：覃伟平	 GUOXINGGUANLI 江苏国兴建设项目管理有限公司 董事长：肖云华
 江西同济建设项目管理股份有限公司 总经理：何祥国	 正元监理 晋中市正元建设监理有限公司 执行董事：赵陆军	 陕西中建西北工程监理有限责任公司 总经理：张宏利	 临汾方圆建设监理有限公司 总经理：耿雪梅
 吉林梦溪工程管理有限公司 总经理：张惠兵	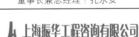 山西安宇建设监理有限公司 董事长兼总经理：孔永安	 DBCM 大保建设管理有限公司 董事长：张建东 总经理：肖健	 HT 山西华太工程管理咨询有限公司 总经理：司志强
 山西晋源昌盛建设项目管理有限公司 执行董事：魏亦红	 上海振华工程咨询有限公司 Shanghai Zhenhua Engineering Consulting Co., Ltd. 上海振华工程咨询有限公司 总经理：梁耀嘉	 SPM 上海建设监理咨询 上海市建设工程监理咨询有限公司 董事长兼总经理：龚花强	 FLOURISHING WORLD 盛世天行 山西盛世天行工程项目管理有限公司 董事长：马海英
 武汉星宇建设工程监理有限公司 董事长兼总经理：史铁平	 胜利监理 SHENGLI PROJECT MANAGEMENT 山东胜利建设监理股份有限公司 董事长兼总经理：艾万发	 山西亿鼎诚建设工程项目管理有限公司 董事长：贾宏铮	 江苏建科建设监理有限公司 董事长：陈贵 总经理：吕所章
 LCPM 连云港市建设监理有限公司 董事长兼总经理：谢永庆	 山西卓越 SHANXI ZHUOYUE 山西卓越建设工程管理有限公司 总经理：张广斌	 M 陕西华茂建设监理咨询有限公司 董事长：阎平	 安徽省建设监理协会 会长：苗一平
 合肥工大建设监理有限责任公司 总经理：王章虎	 江南管理 浙江江南工程管理股份有限公司 董事长总经理：李建军	 苏州市建设监理协会 会长：蔡东星 秘书长：翟东升	 浙江嘉宇工程管理有限公司 ZHEJIANG JIAYU PROJECT MANAGEMENT CO.,LTD 浙江嘉宇工程管理有限公司 董事长：张建 总经理：卢甬
 浙江求是工程咨询监理有限公司 董事长：晏海军	甘肃省建设监理有限责任公司 Gansu Construction Supervision Co.,Ltd. 甘肃省建设监理有限责任公司 董事长：魏和中	FZCSA 福州市建设监理协会 理事长：饶舜	厦门海投建设咨询有限公司 党总支书记、执行董事、法定代表人兼总经理：蔡元发

《中国建设监理与咨询》协办单位

驿涛项目管理有限公司 董事长：叶华阳	永明项目管理有限公司 董事长：张平	河南省建设监理协会 会长：陈海勤	建基工程咨询有限公司 总裁：黄春晓
郑州中兴工程监理有限公司 执行董事兼总经理：李振文	新疆昆仑工程咨询管理集团有限公司 总经理：曹志勇	河南清鸿建设咨询有限公司 董事长：贾铁军	北京北咨工程管理有限公司 总经理：朱迎春
河南省光大建设管理有限公司 董事长：郭芳州	中元方工程咨询有限公司 董事长：张存钦	方大国际工程咨询股份有限公司 董事长：李宗峰	河南长城铁路工程建设咨询有限公司 董事长：朱泽州
河南兴平工程管理有限公司 董事长兼总经理：艾护民	湖北省建设监理协会 会长：刘治栋	武汉华胜工程建设科技有限公司 董事长：汪成庆	湖南省建设监理协会 常务副会长兼秘书长：屠名瑚
华春建设工程项目管理有限责任公司 董事长：王莉	湖南长顺项目管理有限公司 董事长：黄劲松 总经理：黄勇	广东省建设监理协会 会长：孙成	运城市金苑工程监理有限公司 董事长兼总经理：卢尚武
郑州大学建设科技集团有限公司 总经理：詹昌春	广东工程建设监理有限公司 总经理：毕德峰	广州广骏工程监理有限公司 总经理：施永强	西安四方建设监理有限责任公司 总经理：杜鹏宇
重庆市建设监理协会 会长：雷开贵	重庆赛迪工程咨询有限公司 董事长兼总经理：冉鹏	重庆联盛建设项目管理有限公司 总经理：雷冬菁	重庆华兴工程咨询有限公司 董事长：胡明健
重庆正信建设监理有限公司 董事长：程辉汉	重庆林鸥监理咨询有限公司 总经理：肖波	四川二滩国际工程咨询有限责任公司 董事长：郑家祥	中国华西工程设计建设有限公司 董事长：周华
云南省建设监理协会 会长：杨丽	云南新迪建设咨询监理有限公司 董事长兼总经理：杨丽	云南国开建设监理咨询有限公司 董事长兼总经理：黄平	贵州省建设监理协会 会长：杨国华
贵州建工监理咨询有限公司 董事长：张勤 总经理：赵中	贵州三维工程建设监理咨询有限公司 董事长：付涛 总经理：王伟星	西安高新建设监理有限责任公司 董事长兼总经理：范中东	西安铁一院工程咨询监理有限责任公司 总经理：杨南辉
西安普迈项目管理有限公司 董事长：李三虎	内蒙古科大工程项目管理有限责任公司 董事长：乔开元	云南城市建设工程咨询有限公司 董事长：杨家骏	河北中原工程项目管理有限公司 董事长：王亚东
青岛东方监理有限公司 董事长：胡民 总经理：刘永峰			

安阳市健康医养产业园（全过程工程咨询）

中国驻慕尼黑总领馆馆舍新建工程
（入选 2020 年中国建设工程鲁班奖
（境外工程））

蚌埠市委党校改建工程

唐河县人民医院分院

萧县凤城医院（全过程工程咨询）

北京大学第三医院秦皇岛医院

援白俄罗斯国家足球体育场（项目管理）

昌平区创新基地 C-23、C-27 地块定
向安置房

空港 I7-7 地块学校（全过程工程咨询）

京兴国际工程管理有限公司

京兴国际工程管理有限公司是由中国中元国际工程有限公司全资组建、具有独立法人资格的经济实体，具有工程监理综合资质、人民防空工程监理甲级资质、工程造价咨询资质、建筑机电安装工程专业承包资质以及商务部对外承包工程经营资格和进出口贸易经营权，是集工程咨询、工程监理、工程项目管理、工程总承包及贸易业务为一体的国有大型工程管理公司。

公司的主要业务涉及公共与住宅建筑工程、医疗建筑与生物工程、机场与物流工程、驻外使馆与援外工程、工业与能源工程、市政公用工程、通信工程和农林工程等。先后完成了国家天文台 500m 口径球面射电望远镜、中国驻美国大使馆新馆、首都博物馆新馆、国家动物疫病防控生物安全实验室等一批国家重大（重点）建设工程，以及北京、上海、广州、昆明、南京、西安、银川等国内大型国际机场的工程监理和项目管理任务，有近 150 项工程分别获得国家鲁班奖、国家优质工程奖和省部级工程奖。2017 年公司被住房和城乡建设部选定为"开展全过程工程咨询试点"企业，根据业务转型需求，优化人员结构，加大引进高技术及管理人才，大力开拓全过程工程咨询业务。近 2 年成功承接了外交部多个驻外使领馆的新建、改扩建项目，以及医院、健康医养产业园、学校等多种类型工程项目的全过程工程咨询服务业务。

公司拥有一支懂技术、善管理、实践经验丰富的高素质团队，各专业配套齐全。公司坚持"科学管理、健康安全、预防污染、持续改进"的管理方针，内部管理科学规范，是行业内较早取得质量、环境和职业健康安全"三体系"认证资格的监理企业，并持续保持认证资格。

公司内部管理制度健全完善，建立以法人治理结构为核心的现代企业管理制度。公司注重企业文化建设，以人为本，构建和谐型、敬业型、学习型团队，打造"京兴国际"品牌，多次被建设监理行业协会评为先进企业。

公司的信息化建设在行业内有较好的引领和示范作用，创新发展能力较强，信息化办公程度高。公司自主研发了《监理通》和《项目管理大师》专业软件，搭建了网络化项目管理平台，实现了工程项目上各参建方协同办公、信息共享及公文流转和审批等功能。该软件支持电脑客户端和移动 APP（手机）客户端并获得国家版权局颁发的《计算机软件著作权登记证书》。

在当前全球大环境的背景下，面对建筑行业的新常态，公司将积极应对市场环境变化，实现多元化经营，保持健康平稳发展。始终秉承"诚信、创新、务实、共赢"的企业精神，以科技为引领，持续创新发展，一如既往地用诚信和专业为客户提供优质的工程咨询、工程监理、工程项目管理服务。

武汉华胜工程建设科技有限公司
HUST WUHAN HUASHENG ENGINEERING CONSTRUCTION OF SCIENCE AND TECHNOLOGY CO.,LTD

武汉华胜工程建设科技有限公司始创于 2000 年 8 月 28 日，是一家国有综合型建设工程咨询企业。现为中国建设监理协会理事单位、《建设监理》副理事长单位、湖北省建设监理协会副会长单位和武汉建设监理与咨询行业协会会长单位。公司具备住房和城乡建设部颁发的工程监理综合级资质及工程咨询、工程造价等专项资质及能力，曾多次参与国家和地方性规范标准及课题研究工作，在全国工程监理与咨询行业具备一定影响力。

公司始终坚持党的全面领导，通过党建引领公司高质量发展，曾先后参与汶川地震灾后援建、云南山区精准扶贫、武汉火神山医院建设等国家应急项目和一系列社会公益活动。

经过 21 年的跨越式发展，公司已承接项目 1300 余项，项目面积 19300000m²，项目投资 1560 亿元，赢得较高声誉。公司连续 6 次被评为"全国先进工程监理企业"，9 项工程获得"鲁班奖"；8 项工程获得"国家优质工程奖"；2 项工程获得"中国建筑工程装饰奖"；4 项工程获得"中国安装工程优质奖"；1 项工程获得"中国建设工程钢结构金奖"；5 项工程获得"湖北省市政示范工程金奖"。

随着大数据、云计算、区块链等信息化技术的迅猛发展，公司秉持"以客户需求为中心"的理念，努力建设"规范化、标准化、信息化、数字化"的品牌企业，在全过程工程咨询、工程监理、项目管理及工程代建、招标代理、造价咨询、BIM技术服务等专业领域，培养和造就了一大批懂专业、善钻研、能担当的学习成长型技术人才。当前，公司正在大力推进和发展"信息化管理""智能化服务"两大工程，积极探索 5G 时代BIM 新技术应用方向，不断建立以客户为中心、以服务为导向的多层次价值链，实现公司科技化服务大发展。

当前，全体华胜人正积极顺应行业改革发展大势，以超前的思维、超强的胆略谋划企业改革发展新征程。在决胜千里的事业征途上，华胜人志存高远，海纳百川，旨在为业主倾力奉献出独具华胜品牌价值的全过程工程咨询服务。愿与社会各界一道，以诚相待、合作共赢，拥抱属于您我共荣的美好明天！

地址：武汉市东湖新技术开发区汤逊湖北路 33 号创智大厦 B 区 9 楼
电话：027-87459073
传真：027-87459073
邮编：430200
网址：http://www.huaskj.com/

中生武汉生物实验室及生产车间项目
（项目管理＋工程监理）

湖北广电传媒大厦（工程监理）

武汉火神山医院（工程监理）

光谷同济医院，获得鲁班奖

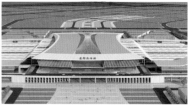

襄阳东津站（工程监理）

汤逊湖流域综合治理工程（工程监理）

联想南方智能制造基地（工程监理）

中国地质大学新校区图书馆，获得国家优质工程奖

武汉市金银潭医院（工程监理）

2020年12月召开协会第六届五次理事会

2020年7月参加中建协《建筑法修订涉及监理责权利研究》课题

2019年6月举办"庆祝建国七十周年"歌咏比赛

2021年3月《建筑工程系列验收标准（第二分册）》知识竞赛

2021年4月组织市监理行业开展植树活动

北京市建设监理协会

北京市建设监理协会成立于1996年，是经北京市民政局核准注册登记的非营利社会法人单位，由北京市住房和城乡建设委员会为业务领导，并由北京市社团办监督管理，现有会员235家。

协会的宗旨：坚持党的领导和社会主义制度，发展社会主义市场经济，推动建设监理事业的发展，提高工程建设水平，沟通政府与会员单位之间的联系，反映监理企业的诉求，为政府部门决策提供咨询，为首都工程建设服务。

协会的基本任务：研究、探讨建设监理行业在经济建设中的地位、作用以及发展的方针政策；协助政府主管部门大力推动监理工作的制度化、规范化和标准化，引导会员遵守国家法律和行业规范；组织交流推广建设监理的先进经验，举办有关的技术培训和加强国内外同行业间的技术交流；维护会员的合法权益，并提供有力的法律支持，走民主自律、自我发展和自成实体的道路。

北京市建设监理协会下设办公室、信息部、培训部及北京市西城区建设监理培训学校，学校拥有社会办学资格。北京市建设监理协会创新研究院是大型监理企业自愿组成的研发机构。

北京市建设监理协会开展的主要工作包括：

1. 协助政府起草文件、调查研究，做好管理工作。

2. 参加国家、行业、地方标准修订工作。

3. 参与有关建设工程监理立法研究及其他内容的课题。

4. 反映企业诉求，维护企业合法权利。

5. 开展多种形式的调研活动。

6. 组织召开常务理事、理事、会员工作会议，研究决定行业内重大事项。

7. 开展"诚信监理企业评定"及"北京市监理行业先进"的评比工作。

8. 开展行业内各类人才培训工作。

9. 开展各项公益活动。

10. 开展党支部及工会的各项活动。

北京市建设监理协会在各级领导及广大会员单位支持下，做了大量工作，取得了较好成绩。

2015年12月，协会被北京市民政局评为"中国社会组织评估等级5A"；2016年6月，协会被北京市委社工委评为"北京市社会领域优秀党建活动品牌"；2016年12月，协会被北京信用协会授予"2016年北京市行业协会商会信用体系建设项目"等荣誉称号。

北京市建设监理协会将以良好的精神面貌，踏实的工作作风，戒骄戒躁，继续发挥桥梁纽带作用，带领广大会员单位团结进取，勇于创新，为首都建设事业不断做出新贡献。

地　址：北京市西城区长椿街西里七号院东楼二层
邮　编：100053
电　话：（010）83121086、83124323
邮　箱：bcpma@126.com
网　址：www.bcpma.org.cn

湖南长顺项目管理有限公司

湖南长顺项目管理有限公司于 1993 年从事工程建设监理业务，为中国轻工业长沙工程有限公司全资下属子公司，经国务院国资委主导的国有企业改制重组，中国轻工集团整体并入中国保利集团。公司现具有住房和城乡建设部工程监理综合资质、工程造价咨询甲级资质、岩土工程(勘察)专业乙级资质、国家人防工程监理甲级资质、公路工程监理甲级资质、招标代理甲级资质、水利工程施工监理丙级资质和湖南省环境监理甲级资质。现有教授级高工、高级工程师、注册监理工程师、注册造价工程师、注册人防工程师、一级注册建造师、一级注册结构师、一级注册建筑师等各类专业人员千余人。

我公司成立至今，所监理的项目获得国家"鲁班奖"22 项，湖南省"芙蓉奖"100 余项，以及"国家优质工程""装饰金奖""市政金杯示范工程"等奖项，是湖南省第一批全过程工程咨询试点企业，并多次被评为先进单位，连续获得全国先进工程建设监理单位、国家轻工行业优秀监理企业、湖南省先进监理单位、湖南省监理企业 AAA 信用等级评价企业、湖南省守合同重信用企业等称号，已通过国家高新技术企业认证。被保利集团授予长顺党支部"基层示范党支部"称号。

湖南长顺项目管理有限公司在工业与民用建筑、市政、交通、机电、民航、水利水电、生态环境等领域取得工程监理、全过程咨询、项目管理、工程代建、招标代理、造价咨询等较好业绩并获得了较高荣誉，现已是国内监理行业知名品牌企业，并致力于打造成国内一流的全过程工程咨询服务企业。

地　址：湖南省长沙市雨花区新兴路 268 号
电　话：0731-85770486
邮　编：410114

永州华侨城文化旅游项目全过程咨询

吉首市生活垃圾焚烧发电项目监理和造价咨询项目

长沙市国际会议中心项目

长沙市花桥污水处理工程

中南大学湘雅医院

长沙地铁隧道及车站工程

黄花机场航站楼（鲁班奖工程）

长沙市滨江金融中心

长沙国际金融中心（湖南省第一高楼）

益阳绕城高速公路

湘府路快速化改造

合肥香格里拉大酒店

创新产业园三期一标段项目管理及监理一体化

凤台淮河公路二桥

合肥工业大学建筑技术研发中心（合肥工大监理公司总部大楼）

合肥京东方 TFT-LCD 项目

合淮阜高速公路

灵璧县凤凰山隧道及接线工程

马鞍山长江公路大桥

合肥市轨道交通 3 号线

佛山市顺德区南国东路延伸线（顺兴大桥）工程

![合肥工大建设监理有限责任公司 Hefei University of Technology Construction Supervision Co.,Ltd.]

合肥工大建设监理有限责任公司，隶属于合肥工业大学，国有全资企业，成立于1995年5月，持有住房和城乡建设部工程监理综合资质，持有交通部、水利部等多项跨行业甲级监理资质。公司主营业务包括工程监理服务和项目管理咨询服务两大版块。

公司依托合肥工业大学的建筑、规划、土木、岩土、环境、机械、工程管理等多学科的专业院所，形成高端专家技术资源，构建有合肥工大建筑技术研发中心平台，在多个领域涉猎最新技术观念，能够为社会提供一流的技术咨询服务。

公司在坚持走科学发展之路的同时，注重产、学、研相结合战略，建立了学校多学科本科生实习基地，搭建了研究生研究平台，是学校"卓越工程师"计划的协作企业，建立了共青团中央青年创业见习基地。多年来，公司主编或参编多项国家及地方标准规范。同时，公司在业内创造性建立并实施了企业技术标准，持续提升了监理工作服务与管理水平。

公司自成立以来，不断探索，至今已取得了有目共睹的辉煌业绩，曾创造多个鲁班奖、詹天佑奖、国优、部优、省优等多种级别监理奖项，自2008年起连续多年获得全国百强监理企业荣誉，连续多年获全国先进监理企业、安徽省先进监理企业、合肥市优秀监理企业等。同时，公司于2002年在安徽省业内率先通过质量管理、环境管理和职业健康安全管理三项体系认证。

公司承揽的工程监理（项目管理）项目足迹遍及皖、浙、苏、闽、粤、辽、鲁、赣、川、青、蒙、新等地；涉及各类房屋建筑工程、公路工程、桥梁工程、隧道工程、市政公用工程、水利水电工程、机电工程、电力工程等行业。

公司始终坚持诚信经营，不断创新管理机制，深入贯彻科学发展观，坚持科学监理，努力创一流监理服务，为社会的和谐发展、为监理事业的发展壮大不断做出应有的贡献。

地　址：合肥工业大学校内建筑技术研发中心大楼 12-13F
电　话：0551-62901619（经营）　62901625（办公）
网　址：www.hfutcsc.com.cn

中国银行集团客服中心（合肥）一期工程

合肥燃气集团综合服务办公楼

西安四方建设监理有限责任公司

国网陕西电力科学研究院电网环保综合实验用房项目

宝鸡市中医医院分院建设项目及中医康复住院综合楼建设项目

西安四方建设监理有限责任公司成立于1996年，是中国启源工程设计研究院有限公司（原机械工业部第七设计研究院）的控股公司，隶属于中国节能环保集团有限公司。公司拥有房屋建筑工程甲级、市政公用工程甲级、电力工程甲级、机电安装工程甲级、化工石油工程甲级、通信工程乙级、人防工程乙级等多项监理资质，同时具有工程造价甲级、工程咨询甲级、招标代理资质，商务部对外援助成套项目管理企业资格（中国西北地区唯一一家工民建专业对外援助成套项目管理企业），陕西省住房和城乡建设厅批准的陕西省第一批全过程工程咨询试点企业。

随着时代的发展，公司取得国家级高新技术企业证书，具有完整的技术研发创新能力，以信息化管理手段为支撑，为客户提供优质高效的工程咨询服务。公司目前拥有工程监理行业管理系统V1.0、工程监理技术质量控制管理系统V1.0、工程监理生产安全管理系统V1.0、建设工程监理信息管理平台V1.0等14项软件著作权。

西安市莲湖区第三学校项目

公司目前拥有各类工程技术管理人员400余名，其中具有国家各类职业资格注册人员200余人、国家注册监理工程师120余人，具有中高级专业技术职称人员占比60%以上，具备提供项目管理、工程监理、EPC总承包、造价咨询、招标代理业务、质量与安全风险评估等专业化工程咨询管理能力和全过程工程咨询能力。

公司立足古城西安，业务辐射全国及海外20余个国家，始终遵循"以人为本、诚信服务、客户满意"的服务宗旨，以"独立、公正、诚信、科学"为监理工作原则，真诚地为业主提供优质服务、为业主创造价值。先后监理及管理工程1000余项，涉及住宅、学校、医院、工厂、体育中心、高速公路、房建、市政集中供热中心、热网、路桥工程、园林绿化、节能环保项目等多个领域。在20多年的工程管理实践中，公司在工程质量、进度、投资控制和安全管理方面积累了丰富的经验，所监理和管理项目连续多年荣获"鲁班奖""国家优质工程奖""中国钢结构金奖""陕西省市政金奖示范工程""陕西省建筑结构示范工程""长安杯""雁塔杯"等奖项100余项，在业内拥有良好口碑，赢得了客户、行业、社会的认可，数十年连续获得"中国机械工业先进工程监理企业""陕西省先进工程监理企业""西安市先进工程监理企业"荣誉称号。

坦桑尼亚桑给巴尔阿卜杜拉·姆才医院医生宿舍项目

咸宁市（崇阳）静脉产业园一期固体废弃物综合处理项目

公司依托中国节能环保集团有限公司、中国启源工程设计研究院有限公司的技术优势，充分发挥项目管理、工程监理、工程咨询所积累的技术、人才和管理优势，竭诚为项目提供专业、先进和满意的技术服务。

公司使命：为工程建设提供高品质增值服务
公司愿景：打造国内一流的工程咨询公司
核心价值观：至善共赢 创造价值
公司精神：团结 务实 创新 高效

西咸新区世纪大道西段市政道路提升改造工程（PPP）项目

西安市幸福林带项目

地　址：陕西省西安市经开区凤城十二路108号
市场部电话：029-62393839
　　　　　孙先生 18681876372
人力资源部电话：029-62393830
　　　　　黄先生 18220170525
网　址：www.xasfjl.com
邮　箱：sfjl@cnme.com.cn

西安交通大学科研楼群-7号楼项目

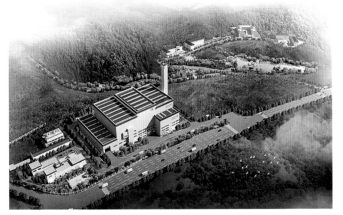

河东资源循环利用中心

博罗生活垃圾焚烧发电项目

白菊保障房项目

北京轨道交通八一贯通项目

拱辰梅花庄商业项目

太阳宫项目

无锡朗新科技园项目

北京五环国际工程管理有限公司

北京五环国际工程管理有限公司（原北京五环建设监理公司）成立于1989年，隶属于中国兵器工业集团中国五洲工程设计集团有限公司。公司是北京市首批五家试点监理单位之一，具有工程监理综合资质、人防工程监理甲级资质、造价咨询乙级资质、军工保密资质等。目前主要从事建筑工程、机电工程、市政公用工程、电力工程、民航工程、石油化工工程、国防军工工程、海外工程等项目监理、项目管理、工程咨询、造价咨询、招标代理、项目后评估等全过程咨询服务工作。

公司在发展过程中，较早引入科学的管理理念，成为监理企业中最早开展质量体系认证的单位之一。30多年来，始终遵守"公平、独立、诚信、科学"的基本执业准则，注重提高管理水平，实现了管理工作规范化、标准化和制度化，形成了对服务项目的有效管理和支持，为委托人提供了优质精准服务。公司建立信息化管理平台，能够及时掌握各项目部在服务过程中的管理控制情况，实现对项目部的动态管理，提升整体管理水平，在建设行业赢得较高的知名度和美誉度，为我国工程建设和监理咨询事业发展做出应有的贡献。

公司在持续专注工程监理核心业务发展的同时，业务领域不断拓展，项目管理和工程咨询所占比重进一步提升，继海外业务取得一定成绩后，军民融合业务也得到迅速发展。近期承接了武警工程质量安全辅助监督、河东资源循环利用中心一期工程、北京市自来水集团长辛店分公司新建出厂供水管线全过程工程咨询项目、太阳宫科技文化创业大厦、北京轨道交通1号线与八通线贯通运营工程、北京轨道交通1号线苹果园站改造、高效低碳燃气轮机试验装置国家重大科技基础设施项目管监一体化服务项目、张家口市（中部片区）生活垃圾焚烧发电项目、大庆高新区光大绿色环保固废处置中心一期项目、玉林二期生活垃圾焚烧发电项目工程等大中型项目的监理、项目管理和全过程工程咨询服务工作。

公司积极参与军民融合、各级协会组织的课题研究、经验交流、宣贯、讲座等各项活动，及时更新理念、借鉴经验，提升公司的知名度和社会影响力。近年来，公司获得了由中国建设监理协会、北京市建设监理协会、北京市建筑业联合会、中国兵器工业建设协会等各级协会评选的"优秀建设工程监理单位""建设行业诚信监理企业"等荣誉称号。

北京五环国际工程管理有限公司面对市场经济发展，以及工程建设组织实施方式改革带来的机遇和挑战，恪守"管理科学、技术先进、服务优良、顾客满意、持续改进"的质量方针，不断提高服务意识，实现自身发展，并将以良好的信誉，规范化、标准化、制度化的优质服务，在工程建设咨询领域取得更卓著的成绩，为工程建设咨询事业做出更大的贡献。

地　址：北京市西城区西便门内大街 79 号院 4 号楼
电　话：010-83196583
传　真：010-83196075

华春建设工程项目管理有限责任公司

华春建设工程项目管理有限责任公司成立于1992年。历经29年的稳固发展，现拥有全国分支机构百余家，7个国家甲级资质，包括工程招标代理、工程造价咨询、中央投资招标代理、房屋建筑工程监理、市政公用工程监理、政府采购招标代理、价格评估；拥有机电产品国际招标机构资格、乙级工程咨询、乙级机电工程监理、乙级电力工程监理、乙级农林工程监理、丙级人防监理、陕西省壹级装饰装修招标代理、军工涉密业务咨询服务安全保密条件备案资质，以及陕西省司法厅司法鉴定机构、西安仲裁委员会司法鉴定机构等10多项资质。公司先后通过了《质量管理体系 要求》GB/T 19001-2016和《质量管理体系认证》ISO9001：2015、《环境管理体系 要求及使用指南》GB/T 24001-2016和《环境管理体系认证》ISO14001：2015、《职业健康安全管理体系 要求及使用指南》GB/T 45001-2020和《职业健康安全管理体系认证》ISO 45001：2018、《信息技术 安全技术 信息安全管理体系 要求》GB/T 22080-2016和《信息安全管理体系认证》ISO/IEC 27001：2013，业务涵盖全过程工程咨询、建设工程项目管理、全过程造价咨询、PPP咨询、招标代理、工程监理、司法鉴定、工程咨询八个板块，是建设工程全过程专业咨询综合性服务企业。

华春坚持"以奋斗者为本"的人才发展战略，筑巢引凤，梧桐栖凤。先后吸纳和培养了业内诸多的高端才俊，现拥有注册造价工程师116位、高级职称人员52位、一级注册建造师34位、国家注册监理工程师51位、软件工程师40位、工程造价司法鉴定人员19位、国家注册咨询工程师17位，并组建了由13个专业、1200多名专家组成的评标专家库，以使能者汇聚华春，以平台彰显才气。

躬耕西岭，春华秋实，29年的深沉积淀，让华春林桃树李，实至名归。先后成为中国招标投标协会常务理事单位、中国招投标研究分会副理事长单位、中国价格协会理事单位、中国价格协会海外工程专家顾问单位、中国建设监理协会会员单位、中国招标投标协会招标代理机构专业委员会委员单位、省招标投标协会副会长单位、省造价协会常务理事单位、省建设监理协会理事单位、省土木建筑工程学会理事单位等；先后荣获全国招标代理行业信用评价AAA级单位、全国工程造价咨询企业信用评价AAA级单位、全国建筑市场与招标投标行业突出贡献奖、2020年陕西省工程造价咨询行业二十强排名第一名、2019年陕西省工程造价咨询行业二十强排名第一名、2017年陕西省工程造价咨询行业二十强排名第一名、2016年全国招标代理诚信先进单位、2016年度全国造价咨询企业百强排名位列28名、2016年度监理行业贡献提名奖、2015—2016年度先进监理企业、2014—2015年度全国建筑市场与招标投标行业先进单位、2014招标代理机构诚信创优5A级先进单位、2014年全国招标代理诚信先进单位、2017—2019年度纳税信用A级纳税人以及"守合同重信用"企业、"五位一体"信用建设先进单位等近百项荣誉。

2014年起，华春积极响应国家六部委联合号召，顺应大势，斥资升级，开发建设了华春电子招标投标云平台，率先站在了互联网新业态的发展风口上，迎风而上，展翅飞翔。2016年，华春契合"互联网+""大众创业、万众创新"的发展新趋势，建新开创了华春众创工场，华春众创云平台、BIM众包网等新模式。在多元化发展之下，2017年华春建设咨询集团正式成立，注册资金1亿元，员工逾1500人，旗下9个企业设有华春建设工程项目管理有限责任公司、华春众创工场企业管理有限公司、华春网络科技股份有限责任公司、华春电子招投标股份有限公司等若干个专业平台公司，属于建设工程行业大型综合类咨询管理集团公司。现拥有33项软件著作权、高新技术企业认定单位，业务辐射全国，涉及建设工程项目管理、全过程工程咨询、BIM咨询、PPP咨询、司法鉴定、电子招标投标平台、互联网信息服务、众创空间、会计审计、税务咨询十大板块，全面实施"华春2025（4.0）"发展战略，全方位打造华春建设工程咨询领域孵化平台，是建设工程领域全产业链综合服务集成供应商。

今天的华春，坚持不忘初心，裹挟着创新与奋斗的精神锲而不舍，继续前行，以"做精品项目，铸百年华春"为伟大愿景，开拓进取、汗洒三秦，以"为中国建设工程贡献全部力量"为使命，全力谱写"专业华春、规范华春、周全华春、美丽华春"新篇章！

◎ 联系我们

公司地址：西安市南二环西段58号成长大厦8楼
电　　话：400-640-7045.029-89115858
传　　真：029-85251125
网　　址：www.huachun.asia

党委书记、董事长　王莉

企业资质

2016-2017年度全国建设工程招标投标行业突出贡献奖　2019年度A级纳税人奖牌　2019年陕西省造价二十强企业　AAA企业信用等级证书

全市厂务公开职代会四星级单位　社会责任企业　水利企业信用B级　五星级党组织获奖牌

西安市精神文明建设先进单位　中价协三A企业　中招协行业先锋　转型升级示范单位

企业荣誉

西藏飞天国际酒店　福建非凡研发工程　榆林市高新区朝阳大桥

陕西省宝鸡市石鼓公园　誉华熙岸三四期工程　北元化工

西安三环枣园立交　陕西省医专实验楼　西安建筑科技大学综合实验楼和土木实验楼

典型案例

红岩村大桥

潼南区中医院

歇马隧道

华岩石板隧道

重庆机场 T3 货运楼

北京现代汽车重庆工厂

两江新区协同创新区"两房一路"EPC 全过程工程咨询项目

龙湖中央公园

重庆金融中心

江北嘴金融城 2 号

重庆华兴工程咨询有限公司

一、历史沿革

重庆华兴工程咨询有限公司（原重庆华兴工程监理公司）隶属于重庆市江北嘴中央商务区投资集团有限公司，注册资本金 1000 万元，系国有独资企业。前身系始建于 1985 年 12 月的重庆江北民用机场工程质量监督站，在顺利完成重庆江北机场建设全过程工程质量监督工作、实现国家验收、机场顺利通航的历史使命后，经市建设委员会批准，于 1991 年 3 月组建为重庆华兴工程监理公司。2012 年 1 月改制更名为重庆华兴工程咨询有限公司，是具有独立法人资格的建设工程监理及全过程工程咨询技术服务性质的经济实体。

二、企业资质

公司于 1995 年 6 月经建设部以 [建] 监资字第（9442）号证书批准为重庆地区首家国家甲级资质监理单位。

资质范围：工程监理综合资质
　　　　　设备监理甲级资质
　　　　　工程招标代理机构资质
　　　　　城市园林绿化监理乙级资质
　　　　　中央投资项目招标代理机构资质
　　　　　交通建设工程监理公路工程丙级资质
　　　　　工程造价乙级资质

三、经营范围

工程监理，设备监理，招标代理，项目管理，全过程咨询，工程造价，交通建设工程。

四、体系认证

2018 年 12 月 25 日，中质协质量保证中心正式授予中共重庆华兴工程咨询有限公司支部委员会：中国共产党在国有企业中的"支部委员会建设质量管理体系认证证书"。公司于 2001 年 12 月 24 日首次通过中国船级社质量认证公司认证，取得了 ISO9000 质量体系认证书。

2007 年 12 月经中质协质量保证中心审核认证，公司通过了三体系整合型认证。

1. 质量管理体系认证证书注册号：00613Q21545R3M

符合标准《质量管理体系　要求》GB/T 19001—2016/ISO9001：2008。

2. 环境管理体系认证证书注册号：00613E20656R2M

符合标准《环境管理体系　要求及使用指南》GB/T 24001—2016/ISO 14001：2004。

3. 职业健康安全管理体系证书注册号：00613S20783R2M

符合标准《职业健康安全管理体系　要求及使用指南》GB/T 45001—2020。

三体系整合型认证体系适用于建设工程监理、设备监理、招标代理和建筑技术咨询相关的管理活动。

五、管理制度

依据国家关于工程咨询有关法律法规，结合公司工作实际，公司制定、编制工程咨询内部标准及管理办法，同时还设立了专家委员会，建立完善"建设工程监理工作规程""安全监理手册及作业指导书""工程咨询奖惩制度""工程咨询人员管理办法""员工廉洁从业管理规定"等标准和制度文件，确保工程咨询全过程产业链各项工作的顺利开展。

地址：重庆市渝中区临江支路 2 号合景大厦 A 栋 19 楼
电话：023-63729596、63729951
传真：023-63817150
网站：www.cqhasin.com
邮箱：hxjlgs @ sina.com

广西大通建设监理咨询管理有限公司

广西大通建设监理咨询管理有限公司成立于1993年2月16日，是中国建设监理协会理事单位，是广西工程咨询协会常务理事单位，是广西建筑业联合会（招投标分会）常务理事单位，是广西区、南宁市建设监理协会副会长单位，也是广西具有开展全过程工程咨询资格的试点企业之一。本公司拥有房建监理甲级和市政监理甲级及机电安装监理甲级，拥有工程咨询单位资信乙级，同时拥有人防监理、工程造价乙级资质，不仅具有监理各种类型的房建和市政工程的实力，还具有工程招标代理、造价咨询能力和监理专业工程诸如水利水电、公路、农林等方面的资历，获得了质量管理体系、职业健康安全管理体系和环境管理体系认证证书。

本公司职能管理部门有：经营部、招标代理部、工程咨询部、造价咨询部、BIM技术部、监理业务处、质安环管理部、人事处、综合部、财务处；二层管理机构有：桂林、贺州、玉林福绵、柳川、河池、贵池、融安、北海、崇左、百色、平果、钦州、防城港、崇左江州、武鸣、兴宾、邕宁、灵山、东盟等分公司。主要从事房建、市政道路、机电安装、人防、水利水电、公路、农林等各类建设工程在项目立项、节能评估、编制项目建议书和可行性研究报告、工程项目代建、工程招标代理、工程设计、施工、造价预结算等各个建设阶段的技术咨询、评估、工程监理、项目管理和全过程工程咨询服务。

公司现有员工650多名，在众多高级、中级、初级专业技术人员中，国家注册咨询工程师、监理工程师、结构工程师、造价工程师、设备工程师、安全工程师、人防工程师、一级建造师和香港测量师共占308名。各专业配套的技术力量雄厚，办公检测设备齐全，业绩彪炳，声威远播，累计完成有关政府部门和企事业单位委托的项目建议书、可行性研究报告、工程评估、项目管理、项目代建、招标代理、方案优选、设计监理、施工监理、造价咨询等技术咨询服务2810余项。足迹遍及广西各地和海南省部分市县，积累了丰富的经验，获得业主的良好评价。

经过员工们的努力，积淀了本公司鲜明特色的企业文化，成功缔造了"广西大通"品牌，多次被住建部和中国监理协会评为全国建设监理先进单位，年年被评为广西区、南宁市先进监理企业，多年获得广西和南宁工商行政管理局授予"重合同守信用企业"，累计获得国家"鲁班奖"4项，获得"国家优质工程"、"广西优质工程"、各地市级优质工程等奖励290余项，为国家和广西各地经济发展做出了本公司应有的贡献。

广西大通建设监理咨询管理有限公司愿真诚承接业主新建、改建、扩建、技术改造项目工程的建设监理和工程咨询及项目管理业务等全过程工程咨询项目，以诚信服务让业主满意为奋斗目标，用一流的技能，一流的水平，为业主工程提供一流的技术服务，全力监控项目的质量、进度、投资，履行安全职责，做好合同管理、信息资料、组织协调工作，促使业主建设项目尽快发挥投资效益和社会效益！

广西区二招会议及宴会中心（鲁班奖项目）

广西民族大学西校区图书馆（鲁班奖项目）

河池水电公园鸟瞰图（鲁班奖项目）

北海出口加工区标准厂房

南宁市人民会堂

贵港市"观天下"项目（国家优质工程）

广西荣和集团千千树项目

柳州会展会议中心

广西区高级人民法院

广西南宁中药饮片加工基地

广西壮族自治区国土资源厅业务综合楼（鲁班奖项目）

广西电台技术业务综合楼

2020 年监理企业 监理人员诚信评价评审会

天津市建设监理协会联络员工作会

天津市监理企业信息化管理和智慧化服务智能系统交流推介会

天津市建设监理协会第四届六次会员代表大会暨四届七次理事会（一）

天津市建设监理协会第四届六次会员代表大会暨四届七次理事会（二）

天津市建设监理协会

天津市建设监理协会成立于 2001 年 10 月，是由天津地区从事工程建设的监理企业与从业人员组成的非营利性社会组织。在天津市民政局登记、业务指导单位是天津市住房和城乡建设委员会。天津市建设监理协会设有专家委员会、自律委员会、专业委员会，协会秘书处为日常办公机构。

天津市建设监理协会现有会员单位 145 家。协会的宗旨是：遵守宪法、法律、法规；遵守国家与地方政府的政策规定；遵守社会道德风尚；积极加强社会组织党的建设，致力于社会组织法人治理机构的设置及运行；积极组织会员与政府建设行政主管部门之间的沟通联系；维护行业与会员的合法利益、保障行业公平竞争，为提高工程建设水平做出积极贡献。

一、抓党建促会建，保行业发展

协会党支部认真学习贯彻落实习近平新时代中国特色社会主义思想和党的十九届五中全会精神。扎实推进"两学一做"学习教育常态化制度化，巩固深化"不忘初心，牢记使命"主题教育成果。立足行业实际，坚持党建促会建，推进行业发展，形成党建工作引领业务工作发展的良好格局。

二、发挥行业纽带桥梁作用，破解行业难题

协会作为政府与企业之间的桥梁与纽带，肩负着建言献策、传递行业声音、为行业争取更多有利政策、协助政府部门规范行业管理等任务。协会经与政府建设行政主管部门协调沟通，促进了主管部门修订地方监理工程师上岗条件，明确"总监理工程师代表、专业监理工程师"执行《建设工程监理规范》和《天津市建设工程监理规程》相关规定。困扰行业 10 多年的"地方监理工程师"问题终于迎来了科学、客观、可操作的管理模式。

三、秉承根本宗旨，搞好会员服务

协会是非营利机构，根本宗旨是"为社会服务、为政府服务、为会员服务、为行业服务"。秉承这个宗旨，协会在搞好会员服务的方面做了几项改进性工作，尤其是面对新冠疫情突发的困难形势。协会采取了"网上办、不见面"的办公形式，尽量减少人员集中、交叉感染的概率，为抗击疫情做好基础性工作。为使更多的会员企业进入信息化管理的行列，今年以来，协会利用各种社会资源与网络平台为会员开展了多次免费的业务、技术培训。

四、加强基础建设，履行社会责任

为适应监理行业转型升级的需要，做好行业的基础性工作十分必要，协会努力推进行业诚信体系建设，构建以信用为基础的自律机制，打造诚信企业，维护市场秩序，提升服务水平，促进监理行业高质量可持续发展。根据"监理企业诚信评价管理办法""监理人员诚信评价管理办法"有关规定，分阶段、分步骤组织开展了天津市 2020 年度监理企业、监理人员诚信评价工作。

有序推进团体标准编制工作。依据协会团体标准发展序列纲要的要求，坚持标准引领，不断提升监理行业标准质量工作水平。目前，协会已完成并发布两项团体标准《天津市建设工程监理工作指南》《天津市安全生产的监理工作指南》，正在编制《天津市建设工程监理资料编写指南》，筹备启动《BIM 技术团体标准》团体标准。团体标准的颁布与实施，为行业高质量发展提供了基础性保障。

2021 年是中国共产党成立 100 周年，也是"十四五"规划的开局之年，站在"两个一百年"的历史交汇点，让我们紧密团结在以习近平同志为核心的党中央周围，以习近平新时代中国特色社会主义思想为指导，深刻认识新发展阶段、全面贯彻新发展理念、着力构建新发展格局、努力推动高质量发展，真正肩负起"大国基石"的重任，共筑监理行业新梦想，续写监理行业新辉煌。

地　址：天津市河西区围堤道 146 号华盛广场
　　　　9 层 E 单元
邮　编：300204
电　话：022-23691307
邮　箱：jlxh@vip.163.com
网　址：www.tjcecp.com

北京建大京精大房工程管理有限公司

一、公司概况

北京建大京精大房工程管理有限公司（曾用名北京建工京精大房工程建设监理公司）成立于1991年1月，公司依托于北京建筑大学，是北京市成立最早的监理公司之一。

2019年，公司顺应行业发展趋势完成转型，正式更名为"北京建大京精大房工程管理有限公司"顺利进入行业发展新时期。经过三十年的锤炼，积淀了"京精大房"独具特色的企业文化，成功地缔造"京精大房"品牌，跻身于全国监理行业前50强。现为中国建设监理协会理事单位、北京市建设监理协会副会长单位。

公司现有员工700余名，其中国家注册监理工程师、建筑师、结构工程师等各类专业技术人员占全员的80%以上。

二、企业资质

公司具有全国首批"建设部工程监理综合资质""交通部监理甲级资质"及"人防工程甲级监理资质"等。

三、业务范围

公司主营业务范围包括：工程建设监理、工程项目管理、工程技术咨询和工程技术服务。公司以北京为中心，向天津、吉林、四川、重庆、深圳、河南、广东、澳门以及哈萨克斯坦、韩国等地区提供项目管理和监理服务。业务涵盖房屋建筑、市政园林、轨道交通、石油化工等领域。

公司从未缺席奥运工程、国家级会议、"一带一路"、城市副中心、雄安新区建设等国家重点工程。参与了2020冬奥会张家口崇礼赛区项目，参与了援吉布提、老挝等"一带一路"沿线项目，参与了北京城市副中心核心区工程，雄安新区市政配套工程等。

公司业绩涉及BIM、绿色建筑、地下综合管廊、海绵城市、医疗建筑项目等方面，通过参与青岛海绵城市项目、地下综合管廊和政府购买服务等新型业务，使北建大校企品牌影响力不断提升。

北京地铁（八号、九号、十五号、十六、十七号线等），以及青岛、深圳、长春、徐州、合肥、呼和浩特、成都、西安等地区轨道交通项目。

四、品质管理

公司质量方针：管理专业 反应快捷 服务贴心 伙伴共赢

公司环境方针：遵纪守法 节能降耗 预防污染 持续改进

公司职业健康安全方针：珍爱生命 预防为主 以人为本 持续改进

五、获奖情况

公司被评为全国建设监理工作先进单位，连续十几年被评为北京市建设监理行业优秀监理单位，获评"建设行业诚信监理单位""轨道交通工程安全质量管理先进单位""北京市教育系统优秀校办企业"和"援疆工程监理先进单位"等众多荣誉。

公司所监项目共获鲁班奖14项，詹天佑奖2项，国家优质工程银质奖10项，北京市长城杯400余项，其他省级奖100余项。

六、社会贡献

参加国家和北京市地区管理条例、国家标准、地方有关行业技术、业务管理规定的主编、参编、修编和研讨等工作。承担或参与住建部、北京市建委等主管部门的课题研究，荣获全国首届建设监理优秀科研课题成果奖；承担了北京市教委"市属高校创新能力提升计划"；获得中国建设监理协会授予"监理课题研究贡献单位"荣誉称号。

公司总结自身30年的经营成果，出版发行了《建设工程监理业务工作手册》《建筑工程施工质量监理手册》及《城市轨道交通工程土建监理工作手册》等书籍，展现技术能力，扩大了影响力。

七、创新发展

公司以互联网＋为着眼点，重点打造"两翼三平台"的信息化建设，打造了"监理业务培训云平台""监理验收APP"和"人力资源管理系统"等集信息化、智能化和网络化为一体的创新型监理工作管理形式，为探索监理企业新发展，保持行业领先提供了可靠的信息技术保障。

八、不断攀登

公司坚持"精心服务，诚实守信、以人为本，业精于勤"管理理念，以市场为导向，以为业主提供全过程、高水平、深层次的建设工程项目监理和管理服务为宗旨，积极满足业主各种需求，为社会做更多奉献。

公司坚持以领先行业为目标，以品牌为主线，以文化为核心，以人才为根本，以科技为动力，不断优化管理，不断提升效益，不断提升企业的核心竞争力，以把企业做强、做实、做大，从而成为综合型的国际工程咨询企业。

企业资质证书

企业交通部资质证书

企业承揽的北京城市副中心行政办公区一期主体A3、A4工程荣获2018-2019年度中国建设工程鲁班奖

京精大房——中建协理事单位证书

企业承揽的北航沙河校区实验楼工程荣获2018-2019年度国家优质工程奖

重点工程–北京城市副中心工程

重点工程–北京地铁16号线车辆段工程

企业总经理带领公司部分党员参加党建活动

团队凝聚力，企业连续三年举办员工趣味运动会

背景图：重点工程–国家体育馆工程

公司领导（左起）：副总经
理 王怀栋，总经理 刘长岭，
总经理助理 王义起

连云港市北崮山庄项目

连云港城建大厦项目
（中国建设工程鲁班奖）

连云港徐圩新区地下综合管廊一
期工程

连云港市连云新城商务公园项目　南京医科大学迁建项目

连云港市广播影视文化产业城项目　连云港海滨疗养院原址重建项目

江苏省电力公司职业技能
训练基地二期综合楼工程
（国家优质工程奖）

连云港市江苏润科现代服务中心项目

连云港市东方医院新建病房楼项目

连云港市第一人民医院病房信息
综合楼项目

连云港市金融中心 1 号·金融新天地项目

连云港出入境检验检疫局综合实验
楼项目

LCPM

连云港市建设监理有限公司

连云港市建设监理有限公司（原连云港市建设监理公司）成立于1991年。公司具有房屋建筑工程监理甲级、市政公用工程监理甲级、工程造价咨询甲级、人防工程监理甲级、机电安装工程监理乙级资质，2006年被江苏省建设厅列为项目管理试点企业。公司被江苏省建设厅授予2003年度、2005年度、2007年度、2009年度和2011年度予江苏省"示范监理企业"的荣誉称号，2007年度、2010年度和2012年度被中国建设监理协会评为"中国工程监理行业先进工程监理企业"。公司2001年通过了《质量管理体系　要求》GB/T 19001—2016和ISO 9001：2015质量管理体系认证。公司现为中国建设监理协会会员单位、江苏省建设监理协会副会长单位，是"AAA级江苏省信誉咨询企业"。

20多年工程监理经验和知识的沉淀，造就了一大批业务素质高、实践经验丰富、管理能力强、监理行为规范和工作责任心强的专业人才。在公司现有的180名员工中，注册监理工程师55名，注册造价工程师8名，一级建造师27名，江苏省监理工程师56名，江苏省注册咨询专家9名。公司规章制度健全、人力资源丰富、专业领域广泛、企业业绩优秀和服务质量优质，形成了独具特色的现代监理品牌。

公司可承接各类房屋建筑、市政公用工程、道路桥梁、建筑装潢、给排水、供热、燃气、风景园林等工程的监理以及项目管理、造价咨询、招标代理、质量检测、技术咨询等业务。

公司自成立以来，先后承担各类工程监理、工程咨询、招标代理2000余项。在大型公建、体育场馆、高档宾馆、医院建筑、住宅小区、工业厂房、人防工程、市政道路、桥梁工程、园林绿化、自来水厂、污水处理、热力管网等多项领域，均取得了良好的监理业绩。在已竣工的工程项目中，多项工程荣获"国家优质工程奖""江苏省优质工程奖'扬子杯'"及江苏省"示范监理项目"。其中，连云港市档案馆、城建档案馆迁建工程（城建大厦）荣获鲁班奖。

公司始终坚持"守法、诚信、公正、科学"的执业准则，遵循"严控过程，科学规范管理；强化服务，满足顾客需求"的质量方针，运用科学知识和技术手段，全方位多层次地为业主提供优质、高效的服务。

公司地址：江苏省连云港市海州区朝阳东路 32 号
电　话：0518-85591713
传　真：0518-85591713
联系人：王怀栋　电话（微信）：13805130281
电子信箱：lygcpm@126.com
公司网址：www.lygcpm.com

郑州中兴工程监理有限公司
ZHENGZHOU ZHONGXING PROJECT SUPERVISION CO.,LTD

郑州中兴工程监理有限公司是国内大型综合设计单位——机械工业第六设计研究院有限公司的全资子公司，是中央驻豫单位。公司1988年以机械工业部六院监理部名义开展监理业务，1996年正式挂牌成立。中兴监理公司现有员工1000余人，技术力量雄厚、专业齐全，有健全的人力资源保障体系，有独立的用人权、考核权和分配权。公司具备多项跨行业监理资质，是河南省第一批获得"工程监理综合资质"的监理企业，同时具有交通运输部公路工程监理甲级资质，国家人防办甲级监理资质。除了日益成熟的监理业务，公司充分依靠中机六院和自身的技术优势，成立了自己的设计团队（中机六院有限公司第九工程院），完善了公司业务链条。公司还成立了自己的BIM研究团队，为业主提供全过程的BIM技术增值服务，同时应用自主独立研发的EEP项目协同管理平台，对工程施工过程实行了高效的信息化管理及办公。目前公司的服务范围由工程建设监理、项目管理，拓展到工程设计、工程总承包（EPC）、工程咨询、造价咨询、项目代建等诸多领域，形成了具有"中兴特色"的全过程咨询服务。

公司自成立以来，连续多年被住房和城乡建设部、中国建设监理协会、中国机械工业装备集团、河南省建设厅、河南省建设监理协会、郑州市建委、郑州市大型项目管理办公室、郑州市建筑业协会等建设行政和行业主管部门评定为国家、部、省、市级先进监理企业，连续多年荣获国家级"先进监理企业"荣誉称号，并荣获全国"共创鲁班奖先进监理单位"及"全国建设监理行业抗震救灾先进企业"荣誉称号，是河南省第一批通过ISO9001国际质量体系认证、ISO14001环境体系认证、ISO45001职业健康安全体系认证的监理企业。自2004年建设部开展"全国百强监理单位"评定以来，公司连续入围全国百强建设工程监理企业，也是目前河南省在全国百强排名中最靠前的监理企业。

成立以来，公司累计承接工程量达3000多项，工程总投资约2500亿元人民币。近年来，监理过的工程获鲁班奖及国家优质工程奖24项、詹天佑奖3项、国家级金奖5项、国家级市政金杯示范工程奖5项、住房和城乡建设部优质工程20余项、省级优质工程奖200余项，获奖数量位居河南省监理企业前列。

公司现有国家注册监理工程师270余人，注册设备监理工程师，注册造价师，一级注册建造师，一、二级注册建筑师，一级注册结构师，注册咨询师，注册电气工程师，注册化工工程师，人防监理师共240人次，有近200余人次获国家及省市级表彰。公司技术力量雄厚、专业齐全、人员配套、结构合理、实践经验丰富。

经过20多年的发展，公司已成为国内颇具影响、河南省规模庞大、实力过强的监理企业；国内业务遍及除香港、澳门、台湾及西藏地区以外的所有省市自治区，国际业务涉及亚洲、非洲、拉丁美洲等二十余个国家和地区；业务范围涉及房屋建筑、市政、邮电通信、交通运输、园林绿化、石油化工、加工冶金、水利电力、矿山采选、农业林业等多个行业。

公司秉承服务是立企之本、人才是强企之基、创新是兴企之道的观念，竭诚以优质的服务、雄厚的技术、专业的队伍、严格的管理为国内外客户提供工程建设全过程、全方位、高水平的工程监理、项目管理、工程设计、工程咨询、工程总承包等业务为宗旨，以为客户提供满意服务为目的，用我们精湛的技术和精心的服务，与您的事业相结合，共创传世之精品！

地址：河南省郑州市中原区中原西路191号
电话：0371-67606175、67606798
传真：0371-67623180
邮箱：342897283@qq.com
网址：http://zhongxingjianli.com
邮编：450007

南三环京广路立交效果图

安徽中烟工业公司阜阳卷烟厂易地技术改造项目

郑州市民公共文化服务区市民活动中心工程

郑州市轨道交通1号线一期工程

省道316线郑州至登封（郑登快速通道）改建工程

绿地中央广场项目

东润泰和苑获詹天佑奖

洋塘居住区鲁班奖证书

国家质检中心郑州综合检测基地2018-2019年度国家优质工程奖

第十五届詹天佑奖——郑州市下穿中州大道下立交工程

苏州市建设监理协会

苏州市建设监理协会，成立于 2000 年 7 月，前身是苏州市工程监理协会。成立之初，协会除了监理企业会员单位外，还内设工程质量检测和预拌混凝土两个专业委员会，首批有 78 家会员单位加入。在第三届任期时又增设了一个预制混凝土管桩专业委员会。2015 年第四届任期时，苏州市工程监理协会已发展会员单位 240 家（其中监理单位 132 家，检测单位 50 家，预拌混凝土 51 家，管桩单位 7 家）。随着行业的快速发展，考虑到各专业委员会和会员企业专业特性的差异，在 2016 年 10 月召开的四届二次会员大会上，对苏州市工程监理协会进行了拆分和改组，即分别单独成立了建设监理、工程质量检测、预拌混凝土和制品三个行业协会。其中，建设监理行业协会更名为苏州市建设监理协会。为了更好地整合资源、减轻企业负担、提高工作效率和社会效益，2019 年 4 月，苏州市建设监理协会同苏州市民防工程监理协会进行合并，沿用苏州市建设监理协会名称。目前，苏州市建设监理协会共有会员单位 192 家（其中甲级资质企业 139 家，乙级资质企业 48 家，丙级资质企业 5 家），会员单位的从业人数约达 1.8 万。

协会自成立以来，已经历了 21 年，在省、市建设行政主管部门、民政部门、江苏省建设监理与招投标协会及各地住建局等部门的指导、帮助和监督下严格按照协会章程开展活动，自觉遵守国家的法律法规，本着服务会员、发展行业的宗旨，在团结会员、联系政府、服务企业、行业自律等方面，做了大量卓有成效的工作。在行业宣传、业务培训、经验交流、鼓励创新、反映诉求、维护权益等方面取得了较为显著的成绩。

近年来，协会积极配合、协助中国建设监理协会、江苏省建设监理与招投标协会等行业协会开展行业管理和行业发展促进工作。与江苏省建设监理与招投标协会、上海市建设工程咨询行业协会和浙江省建设监理协会共同发起成立了"苏浙沪建设工程咨询监理协会秘书长联谊会"，并发挥了积极作用。积极协助政府行业主管部门，做好行业管理和参与市场监管等工作，已经成为苏州市建设行政主管部门制订相关行业规定和政策、市场综合考评、监理人员执业管理、企业信用等级评价、信用管理、检查考核、评优等活动的得力助手和委托代理。协会还与贵州省建设监理协会、南京、常州、无锡、扬州等市建设监理协会建立友好协会关系，多次互访，牵手数十家监理企业，开展丰富多彩的合作交流活动。

2019 年 12 月至今，协会积极配合苏州市住建局推进全市工程监理行业综合改革工作，以开拓创新的理念，将监理行业市场治理和施工现场监管创新紧密结合，明确定位工程监理为政府监管机构现场监管的"辅警"，构建工程监管领域的"交警"和"辅警"新理念，连续出台了关于加强建筑施工现场质量安全管理监管的若干意见和实施方案，组织开展了"苏州市工程监理综合改革示范项目"创建活动、苏州市工程监理企业信用综合考核办法等多个文件，形成"市场与现场联动，责任与利益统一"的良好局面。协会紧紧围绕监理行业发展和协会实际工作，明确目标，狠抓落实，认真履行行业协会职能，切实强化了监理责任，完善了监理工作机制，规范了监理工作行为，不断规范行业工作标准和会员履职，开创监理行业创新监管新模式，为全市监理行业加快转型升级、创新发展注入了强劲动力，全面提升了苏州市建筑施工现场质量安全监理水平。

苏州市建设监理协会不懈的努力和积极有效的工作，已经成为政府主管部门倚重、会员单位和业内企业信赖、业界同道尊重，充满生机活力的社团组织，协会将继续围绕新要求、新机遇，奋发有为做出新贡献，共同让监理行业发展的更好，让会员企业做的更强，进而推动全市监理行业高质量发展！

苏州市工程监理综合改革工作推进会

苏州市建设监理协会赴张家港开展行业调研

苏州市建设监理协会举办"现场质量安全监理监管系统"业务培训

苏州市建设监理协会举办专家委员会资深专家培训

苏州市建设监理协会五届四次会员大会

苏州市建设监理协会召开监理记录仪使用工作推进会议

苏州市建设监理协会组织开展"重温革命历史、再忆初心使命"红色教育活动

苏州市建设系统一线岗位职工"红色工匠"建筑工程监理行业职业技能竞赛

中国建设监理协会王早生会长来苏州调研

住建部建筑市场监管司卫明副司长率队赴苏州调研政府购买监理巡查服务试点及工程监理行业改革发展